近代的太空探索史，就是人类航天科技的发展史

太空，我来了

李得天◎主编

甘肃科学技术出版社

图书在版编目（CIP）数据

太空，我来了 / 李得天主编. -- 兰州 ：甘肃科学技术出版社，2020.2（2021.5重印）
ISBN 978-7-5424-2743-4

Ⅰ. ①太… Ⅱ. ①李… Ⅲ. ①航天 - 青少年读物 Ⅳ. ① V4-49

中国版本图书馆CIP数据核字(2020)第013277号

太空，我来了

李得天　主编

项目统筹　　何晓东　韩　波
责任编辑　　李叶维　韩　波
装帧设计　　大雅文化

出　版　甘肃科学技术出版社
社　址　兰州市读者大道 568 号　　730030
网　址　www.gskejipress.com
电　话　0931-8125103（编辑部）　　0931-8773237（发行部）
京东官方旗舰店　http://mall.jd.com/index-655807.html

发　行　甘肃科学技术出版社
印　刷　上海雅昌艺术印刷有限公司
开　本　787 毫米×1092 毫米　1/32　印　张　7.125　字　数　200 千
版　次　2020 年 8 月第 1 版
印　次　2021 年 5 月第 2 次印刷
印　数　3501~8500
书　号　ISBN 978-7-5424-2743-4　　定　价　48.00 元

引　言

在2016年召开的"科技三会"上，习近平总书记强调："科技创新、科学普及是实现创新发展的两翼，要把科学普及放在与科技创新同等重要的位置。"加强科学普及，提升全民科学素质，成为新形势下我国全面推进创新发展的重大任务。

近代的太空探索史，就是人类航天科技的发展史。人类对太空认识不断加深，促进了航天科技成果的广泛应用，从"核磁共振、手机导航、尿不湿、航天蔬菜"到正在蓬勃兴起的"太空旅游"，无一不是创新的光芒在闪耀。航天技术逐步走向大众，与我们的日常工作、生活紧密联系在一起。

2019年10月1日，在庆祝中华人民共和国成立70周年的阅兵仪式上，十余个航天装备方阵震撼亮相，航天装备成为武器装备的重要力量，也是国家安全的基石，是人们幸福的保障，增强了全国人民的自豪感。习近平总书记在2020年新年贺词中指出："嫦娥四号在人类历史上第一次登陆月球背面，长征五号遥三运载火箭成功发射，雪龙2号首航南极，北斗导航全球组网进入冲刺期，5G商用加速推出，北京大兴国际机场'凤凰展翅'……这些成就凝结着新时代奋斗者的心血和汗水，彰显了不同凡响的中国风采、中国力量……"六个实例中有三个是航天科技成就，彰显了航天科技在社会主义现代化建设中的地位。

航天科技工作者不但要做好航天科学技术的创新工作，还要提高科普能力，助推全民科学素质的提升。传播航天知识，在航天科技上创新，更要把成果传播出去，让广大群众尤其是中小学生看得懂，对航天知识有初步的了解，从而使他们关注科学、热爱科学。

兰州空间技术物理研究所（中国航天科技集团有限公司第五研究院第五一〇研究所，以下简称510所），是中国最西部的航天研究所，是我国最早从事真空科学技术和空间技术的研究单位。全面参与了"两弹一星"工程、载人航天工程、北斗导航工程、月球与深空探测工程等，为我国发射的200多颗星、船中均配套了重要产品。同时，作为中国真空学会科学普及和教育委员会、甘肃省科普教育基地的依托单位，组建了两支第六批全国科学传播专家团队。多年来，将中国航天日开放活动、学术交流、科普讲座、精准扶贫、图书出版、航天育种和大学生实践等与科普工作有机融合，普及航天知识、弘扬航天精神、履行社会责任，让更多的航天科技成果惠及民生。在此基础上，510所组织了相关的科研人员编写本书。我们努力用通俗易懂的语言，介绍人类航天科技的发展、中国的航天科技成就以及与人们生活密切相关的太空产品，讲述航天员太空生活的有趣事例，并展示了人类对太空的向往等内容，以期通过本书的出版发行，在社会上大力弘扬航天三大精神，普及航天知识，激发广大青少年热爱科学、积极从事航天科技事业的热情，树立建设航天强国、实现中华民族伟大复兴中国梦的坚定信念。

在本书的编写过程中，得到了510所赵光平、何成旦、王永军、马动涛、代虎、李毅、丁成斌、段福伟、权素君、殷子涵、高文生等同志的大力支持和帮助，在此表示衷心感谢！此外，天水神舟绿鹏农业科技有限公司包文生、张掖神舟绿鹏农业科技有限公司何效功、航天神舟生物科技集团有限公司史旺林等提供了大量素材。本书中的部分图片选自美国航空航天局及国内相关专业网站，在此一并表示感谢！

由于作者水平有限，书中不足之处在所难免，敬请广大读者批评指正！

编写组

2020年5月

目　录

太空，我来了

人类的太空梦想

第一章　人类的太空梦想

　　自古以来，遨游太空就是人类的梦想，从远古的神话传说到近代的科幻作品，无不反映了人类这一美好的愿望。无论过程多么曲折，目标多么遥远，人类一直在锲而不舍地探索宇宙的奥秘。如果从12世纪中国出现传统火箭算起，在人类开始尝试飞向天空、飞向宇宙的过程中，经过13世纪传统火箭技术传入欧洲、16世纪哥白尼创立日心说、17世纪牛顿建立经典物理学体系，直到20世纪中叶，苏联的加加林乘坐"东方1号"飞船成为第一个飞往太空的宇航员，在经过了8个多世纪的不懈努力，人类才真正开启了载人航天的历程。今天，尽管人类已经在载人航天领域取得了一系列的伟大成就，但这仅仅是人类太空旅程的开始。

一、古人对太空的认识

　　人类早期对太空的认识非常粗浅，且不完全一样。远古时代，人们生活很艰难，对头顶的天空和身处的自然环境认识还十分有限。然而，人类的想象是无限的，许多美丽的神话传说由此产生，如在中国，就有盘古开天、女娲补天、夸父逐日、嫦娥奔月、后羿射日、牛郎织女等神话故事。

后羿射日

随着对自然观察的不断深入，古人提出了对自然和宇宙的各种认识。在古代中国，对天地的认识亦有多种学说。例如，盖天说认为天是圆形的，像一把张开的大伞覆盖在大地上，地是方形的，像一个棋盘，日月星辰就像爬虫一样往返天空。因此，古人的这种认识又被称为"天圆地方说"。东汉时期著名的天文学家张衡提出了"浑天说"，认为宇宙的中心是地球，日月星辰都附着在地球上。这一观点和盛行于古代欧洲的"地心说"不谋而合。欧洲人对宇宙认识的起源始自古希腊时期。公元前4世纪，古希腊哲学家苏格拉底提出了"地心说"，他认为地球是球形的，并把行星从恒星中区别开来。地心说是世界上第一个行星体系模型，根据这一学说，地球居于宇宙中心且静止不动，其他天体都围绕着地球转动。16世纪，欧洲文艺复兴时期的巨匠、波兰的天文学家哥白尼，在临终前出版的不朽名著《天体运行论》中提出了完整的"日心说"宇宙模型。在

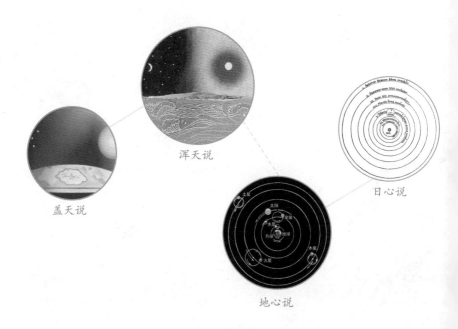

浑天说

盖天说

地心说

日心说

矗立在波兰国家科学院前的哥白尼雕像

哥白尼的“日心说”

他的日心体系中，太阳居于宇宙的中心静止不动，包括地球在内的所有行星都围绕太阳转动，它们离太阳由近及远的排列次序为水星、金星、地球、火星、木星、土星（当时还没有发现天王星、海王星），而月亮则围绕地球转动。恒星在离开太阳很远很远的一个圆球面上静止不动。这些学说都是古代人类对于天空的认识。

哈勃太空望远镜拍摄的星系照片

二、万户的实践

"飞天"一直都是中国人的梦想。中国是火药的故乡，古代就有使用火箭用于作战的记载。"火箭"一词最早出现在三国时期，那时的火箭是将易燃物绑在箭头上，引燃后用弓射出去。后来发明了火药，唐末开始用于战争。到了北宋年间出现了人类历史上最早、最原始的"火药箭"。13世纪时，元朝军队西征作战时就使用了这种火箭，并传到了阿拉伯地区，之后才传到欧洲。中国还是二级火箭、捆绑式火箭的发明地。据史料记载，我国明代就制成了一种叫"火龙出水"的二级火箭。

据记载，元朝末年，在婺州（今浙江金华）有一个叫陶成道的人，喜欢钻研炼丹术。在一次试验炼丹配方的过程中发生了爆炸，使他见识了火药的威力，并从此迷上了火器制造。当时天下大乱，朱元璋的军队来到了婺州。陶成道率领他的弟子投奔了义军，献火器神技在作战中屡建奇功。朱元璋得天下后，陶成道受封赏"万户"。从此，陶成道被人们称为万户。

成名之后的陶成道并未混迹于官场，而是重新选择了他所喜爱的火器研究，他的梦想是能像飞鸟般腾飞于天空。

那时的人类对飞行的原理还缺乏深刻认识，他只能从直观的观察中设计他的"飞鸟"。万户从翱翔于天空的风筝获得启发，认为可以用火箭作为动力，再加上风筝的帮助，他一定能飞上天空。

为了实现自己的愿望，他对当时的火箭技术进行了仔细研究，直到他认为已经可以为实现抱负而采取行动时。

太空，我来了

　　这一天终于到来了。他命弟子在一把结实的座椅上绑上了47支火箭，之后他将自己牢牢地绑在座椅上，手里高举起巨大的风筝。一切准备就绪后，他让弟子们点燃了火箭的引线，一瞬间，火箭喷出烈焰，浓烟笼罩了"飞鸟"，一声巨大的爆炸声后，随着浓烟散去，人们却看到万户已没有了生命的气息。

　　这就是在人类航天史上广为流传的"万户飞天"的故事。

　　万户将火箭捆绑起来使用的做法，可以说是当今世界上捆绑式火箭的雏形。万户是世界公认的首位利用火箭推力飞向天空的航天英雄，虽然他的飞天实践失败了，但他被视为人类航天探索的第一人。为了纪念他的勇敢精神，20世纪70年代，国际天文学会将月球表面东方海附近的一个环形山命名为"万户山"。

雕塑《万户飞天》

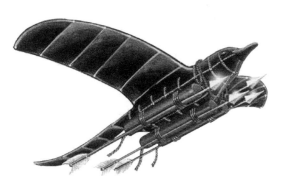

在明代军队中装备的火器——神火飞鸦

三、古代火箭

　　13世纪以后的中国元明时期，火箭武器已有很大发展。到了16世纪，抗倭名将戚继光已在军中大量装备火箭。火箭长五尺以上，绑缚火药筒，能远射三百步，倭寇见之丧胆。

　　在明代史书中记载有多种军用火箭。其中有一种叫"神火飞鸦"，它的外形如乌鸦，用细竹或芦苇编成，内部填充火药，鸦身两侧各装两支"起火"，"起火"的药筒底部和鸦身内的火药用药线相连。作战时，用"起火"的推力将飞鸦射至百丈开外，飞鸦落地时内部装的火药被引燃爆炸，爆炸时的飞鸦宛如今日的火箭弹。明代史书中还记载了一种原始的火箭弹——震天雷炮，它可依靠自身装药燃烧推进。

　　成书于17世纪20年代的《武备志》为茅元仪所辑，是明代重要的军事著作，也是中国古代字数最多的一部综合性兵书。在这部兵书中，收录了多种可用于作战的火箭制造方法。

16世纪中叶，明朝中期发明了一种新式火箭，叫"火龙出水"，它是我国古代水陆两用的火箭，也是二级火箭的始祖。

在《武备志》中，较为详细地介绍了"火龙出水"的制造和使用方法。用毛竹五尺，去节，并用铁刀刮薄。前后装上木制的龙头和龙尾。龙头的口部向前，龙腹内装神机火箭数枚，把火箭的药线连在一起，由龙头下部一个孔中引出。龙头下面和龙尾外侧，各倾斜装两支火药筒，并用引信与火龙腹内的火药引信相连。水战时，面对敌舰，在离水面三四尺高点燃外侧火药筒，这是第一级火箭，它能推动火龙飞行二三里远，如火龙出于水面。待第一级火箭燃烧完毕，就自动引燃龙腹内的火箭，这是第二级火箭，这时，从龙口中射出数只火箭，直达目标，致使敌船烧毁。

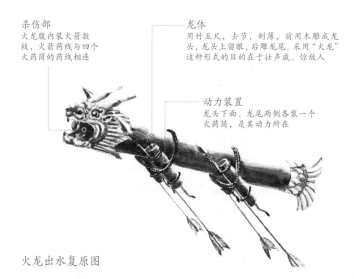

杀伤部
火龙腹内装火箭数枝，火箭药线与四个火药筒的药线相连

龙体
用竹五尺，去节，刮薄，前用木雕成龙头，龙头上留眼，后雕龙尾。采用"火龙"这种形式的目的在于壮声威、惊敌人

动力装置
龙头下面、龙尾两侧各装一个火药筒，是其动力所在

火龙出水复原图

四、致敬太空技术的奠基者

在人类追求翱翔天际、探索宇宙梦想的过程中，有许多优秀的科技工作者为人类航天科技的发展做出了巨大贡献，他们如一颗颗闪亮的明星，在人类航天科技的发展征程上熠熠生辉。下面介绍的这几位航天科技的奠基人，他们为航天科技的建立做出了不朽的贡献，他们是航天科学家的代表，他们的功勋彪炳史册，千古流芳。

1.齐奥尔科夫斯基

齐奥尔科夫斯基全名为康斯坦丁·爱德华多维奇·齐奥尔科夫斯基，是苏联科学家，现代航天学和火箭理论的奠基人，被誉为"航天之父"。

1857年9月17日，齐奥尔科夫斯基出生于俄国伊热夫斯科耶镇。9岁时得了猩红热，差点丢了性命，当时医疗条件很差，经过治疗，他虽保住了性命，但却失去了听力，那时没有聋哑学校，他也失去了上学读书的机会。然而他在悲惨遭遇面前没有失去求知的信心和欲望，14岁开始在家里自学父亲仅有的几本自然和数学方面的书籍。在自学中他困难重重，没有老师的指导，没有参考资料，全凭自己刻苦钻研，解决了一个又一个难题。他常常因为一道难题苦思冥想好几天。齐奥尔科夫斯基在童年时非常喜欢阅读儒勒·凡尔纳的科幻小说，这些科幻作品在他幼小的心灵中插上了飞往星际空间的翅膀。齐奥尔科夫斯基的母亲为他买了一个氢气球的玩具，从此，他常常幻想着乘上气球飞向蓝天，飞到无边无际的星空去旅游。齐奥尔科夫斯基以顽强的意志自学完成了大学物理学和数学课程，经考试测验他获得了认可，23岁时，他被伯洛夫公立中学聘任为物理和几何课程教师。他从事这一工作有40年。他对教学非常认真，而他的生活却十分节俭，然而对实验研究从不吝啬，把生活中节省下来的钱全部用在了科研投入上。他曾回忆说："当时，我除了凉水和黑面包外，就一无所有了。"通过不懈的努力，他完成了全金属飞艇和星际火箭等的研究设计工作。

当时，有些人骂他是空想家和疯子，他却理直气壮地回答这些人：没有疯子的空想是飞不上天空的。他在研究航天飞行器时，世界上还没有一架真正的飞机飞上天空。1895年，齐奥尔科夫

斯基提出了实现人类太空航行的具体设想，他发表了星际航行站的设计图样，提出将星际航行站作为星际航行的中途"基地"，然后再从这个"基地"迈向月球和其他星球的探索征程。这个设想得到了许多科学家的钦佩与认同，而这也比飞机试飞成功早了近十年！这个勇敢的幻想家，决心要通过实践，克服地球引力，使人类成为遨游太空、科学利用宇宙的主人。

齐奥尔科夫斯基认为火箭是飞出地球最理想可靠的工具。几年后，他出版了《可驾驶的金属飞船》一书，提出了他的火箭飞行理论。在书中，他对他的太空飞船设计做出了具体的描述：飞船

齐奥尔科夫斯基

全金属飞艇

的外壳用钢制成，飞船拥有鸡蛋形的椭圆舱室。飞船的头部可以容纳乘客，内部有控制仪表以及给养储备等。燃料舱分隔为两部分，分装液体燃料和氧化剂，燃料燃烧后形成高温高压的气体推动火箭高速飞行，火箭的喷口装在飞船的尾部，用来控制飞行的方向。齐奥尔科夫斯基设计的太空飞船形状似乎像现在的核潜艇，尽管这只是一个设想，却是一个先进的设计理念。齐奥尔科夫斯基有把握地说："星球之间的星际旅行是可以实现的。"他自称为"宇宙的公民"。在100多年后的今天，人类登上了月球，建立了太空空间站，太空探测器飞向了火星，正在向太阳系外疾驰。人类遨游太空已不再是梦幻。

　　齐奥尔科夫斯基经过复杂计算，得出火箭必须具有每秒11.2千米的速度，才可以摆脱地球引力沿抛物线轨道飞离地球进入茫茫太空，这为后人研制宇宙飞行器提供了基本的理论依据。然而当时他设计的火箭速度还超不过每秒2.5千米，但他坚信，今天的不可能，明天就必然会变成可能。齐奥尔科夫斯基不断对火箭进行改进设计，到1929年，他提出了用多级火箭取得高速度使火箭飞离地球的理论。

齐奥尔科夫斯基把他的星际航行站称为"地球外的火箭码头"。当星际航船路经码头时，可以在这里补充燃料和食物，然后再飞向更遥远的空间。在他的设计中，星际航行站上有大街、综合科研站、住宅、温室，还有燃料库和加工厂。他还建议，在卫星上，应尽量使用取之不尽的太阳能，或者通过光电装置作为卫星动力的来源。在星际航行站还可以栽种植物生产食物。齐奥尔科夫斯基在1903年发表了《自由空间》《可操纵的金属气球》《利用喷气装置探测宇宙空间》等文章，然而却得不到政府的支持和认同，只有一些高瞻远瞩的科学家给这个中学教师以极高的评价和精神鼓励。

　　到了20世纪20年代，他的科研成果才得到了重视，他的聪明才智也才有了发挥的场合。在前苏联政府的资助下，制成了第一个不锈钢的飞船模型，这个飞船模型长15米，最大直径7.2米，接着又研制出了喷射发动机。在这一时期，他又连续发表了《宇宙火箭列车》《钢质飞船》《喷射推进飞机》《星际航空》等文章。1932年，在他75岁生日时，苏联科学院举行了隆重的庆祝大会，充分肯定了他在航空航天科学领域取得的成就。

　　1935年，齐奥尔科夫斯基逝世，享年78岁。一个普通的中学教师，一个失聪的残疾人，却为人类航天科技的发展做出了开拓性的贡献，他的功绩永载史册。

2.冯·布劳恩

　　冯·布劳恩名韦纳·冯·布劳恩，德国著名火箭手，被誉为"现代航天之父"、"导弹之父"。

　　1912年，冯·布劳恩出生于德国维尔西茨的一个贵族家庭，他的父亲是魏玛共和国时期的农业大臣，母亲具有皇室血统，也是一位出色的天文爱好者。在母亲的影响下，冯·布劳恩从小就对天文现象充满了好奇心，特别是当母亲送给他一台望远镜后，冯·布劳恩从此迷上了对浩瀚星空的探索，这也是他成长为一个科学家的开端。冯·布劳恩在学生时代就表现出与众不同的探索精神，13岁时，他在柏林豪华的使馆区进行了他的第一次火箭实验，此举惊动了柏林警察，但这并未影响年轻的他对火箭发射的兴趣。一天，冯·布劳恩读到一本名为《通向星际空间之路》的书，正是这本书，使他毫不犹豫地选定了自己的终身事业：为人类征服宇宙空间贡献一切力量。也正是这个远大的理想，使顽皮的布劳恩开始专心刻苦地学习数学、物理等一切有助于达到目标的功课。不久，他便成了班上学习成绩最好的学生。后来，他考入了夏洛滕堡工学院，之后又转入柏林大学继续学习，在那里建立起了自己的实验小组。1934年，22岁的他获得了物理学博士学位，他的博士论文论述了液体推进剂火箭发动机理论和实验的各个方面，这篇论文被柏林大学评为最高等级——特优。虽然这只是一篇博士毕业论文，但它对航天科技的发展意义重大。甚至在30年后，德国宇宙飞行协会还将该论文作为其正式期刊的特刊重新出版。就这样，布

冯·布劳恩

V-2导弹

劳恩为自己的学生时代画上了一个闪光的句号。

飞向宇宙是冯·布劳恩毕生追求的理想。他为之所做的第一步努力就是研制大功率的液体推进型火箭。1936年，冯·布劳恩率领他的研究团队开始了火箭的研制工作，火箭代号为A-4。研制工程是巨大的，难题堆积如山，冯·布劳恩以其对独创性工程的巨大热情，领导他的技术班子，解决了一个又一个难题。德国的纳粹当局看到了火箭技术的战争价值，并对A-4火箭改进为V-2导弹的研制项目给予了全力支持。1942年10月3日，V-2首次发射成功。V-2诞生

的意义可以与航空领域内的莱特兄弟发明飞机相提并论。

V-2诞生于第二次世界大战的炮火之中，但V-2并不能挽救纳粹必然失败的命运。随着同盟国军队攻入德国，纳粹德国的崩溃只是时间问题。为了保证研究资料和研究人员的安全，冯·布劳恩想尽了各种办法，为此，他一手策划了美国的盟军部队对火箭研制基地的接管行动。

第二次世界大战后，冯·布劳恩来到了美国，以他的卓越才智和工作热情，继续为人类的航天事业做出贡献。战后的和平，使冯·布劳恩可以大胆地憧憬他理想中的星际空间旅行了。他根据自己的研究成果和对宇宙的向往，与人合作出版了一本科幻小说《火星计划》，引起了巨大轰动。当许多人认为冯·布劳恩所提出的人造卫星、航天站、月球飞船等还是遥不可及的设想时，他已经在为他的梦想努力工作了。

在布劳恩取得的一系列成就中，由他主持的"探险者1号"卫星的发射成功可以说是一个里程碑。1958年1月31日，美国发射了它的第一颗卫星"探险者1号"，是布劳恩领导研制的丘比特-C火箭将它送入预定轨道的。整个发射过

程持续了八分钟，坐在五角大楼指挥中心的布劳恩觉得这八分钟的等待比八年还长。发射终于成功了，许多荣誉随之而来，而他也是当之无愧的。《时代》杂志编辑紧急赶写了一篇详尽的配发有布劳恩大幅照片的报道。白宫举行了盛大仪式，在这个仪式上，艾森豪威尔总统向布劳恩颁发了奖章。对布劳恩而言，成功之后的工作依旧是繁忙的，而这一切都是为下一个辉煌在做准备。

美国国家航空航天局（NASA）成立后，布劳恩成为该局亨茨维尔中心的主任。他常

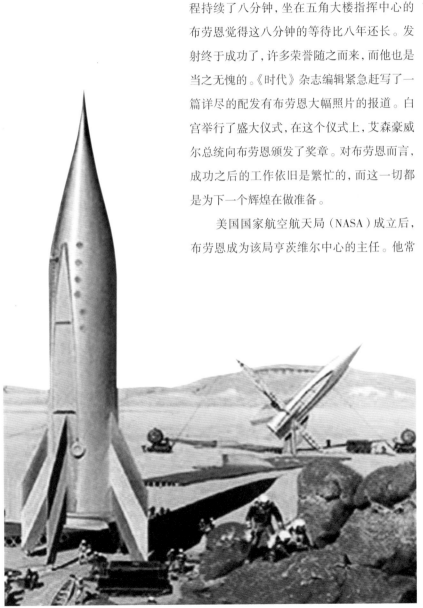

《火星计划》所幻想的人类火星基地

被要求出席国会听证会，回答议员们提出的各类问题，从而协助议会讨论决定美国航天事业的发展方向。议员们都很欣赏布劳恩无与伦比的学识、智慧和魅力。一位参议员曾说："听布劳恩博士讲话，就像过去听电台广播科学幻想节目一样。"如果这位议员去掉"幻想"这个词，他的比拟就会显得更为恰当，因为他们很快开始认识到，布劳恩对他们所讲述的一切，不久就会成为现实，例如登月飞行。

布劳恩领导的研究班子一开始就投入了这一人类伟大的工程。他主持研制的"土星5号"火箭是准备将宇航员送上月球的运载工具。这是一个庞然大物，整个系统及地面辅助设备的零件就有900万个之多。"阿波罗"登月计划是一个庞大的系统性工程，对各个环节都提出了很高的精确化要求。整个登月过程需要火箭经过四次点火，才能将飞船送上月球。"土星5号"获得了极大的成功，因为它不仅成功地将载着阿姆斯特朗等三位宇航员的"阿波罗11号"送上月球，而且此后还被多次用于探月飞行，每次表现都十分出色，这是布劳恩和他所领导的科学家们用不懈的努力创造的奇迹。

1977年6月，布劳恩因患肠癌在美国华盛顿逝世，享年65岁，而他的名字也永远载入了人类的航天史册中。

3.钱学森

钱学森，1911年出生在上海市，世界著名科学家，空气动力学家，中国载人航天奠基人，被誉为"中国航天之父""中国导弹之父""中国自动化控制之父"和"火箭之王"。

钱学森天资聪慧，幼时家境充裕，家教良好。小学和中学就读于北京师范大学附属小学和附属中学。20世纪20年代的北京师范大学附属中学学习环境优良，有很好的校风、学风，特别是有一支水平非凡的师资队伍，高中的许多授课教师都是北京师范大学的教授，这为钱学森的学习成长提供了很好的条件。

1935年，钱学森考入美国麻省理工学院，次年转入加州理工学院，拜著名航空科学家冯·卡门为师，

"土星5号"火箭第一级

学习航空工程理论。钱学森学习十分努力，三年后获得了博士学位并留校任教。

在冯·卡门教授的指导下，钱学森对火箭技术产生了浓厚的兴趣，在高速空气动力学和喷气推进研究领域不断取得突破，成果斐然。在

"中国航天之父"钱学森

冯·卡门教授的推荐下，钱学森成了加州理工学院最年轻的终身教授。从1935年到1950年的15年间，钱学森在学术上取得了许多成就，生活上也享有丰厚的待遇，但是他始终想念着自己的祖国。

1949年，当第一面五星红旗在天安门广场上升起时，当时任加利福尼亚工学院超音速实验室主任和古根罕喷气推进研究中心负责人的钱学森深为祖国的新生而高兴。他打算回国，用自己的专长为新中国服务。但那时候在美国的中国科学家归国不易，而钱学森的专长又直接与国防有关，因此他的归国之途必然不会平坦。

1950年9月，钱学森辞去了加利福尼亚工学院超音速实验室主任和古根罕喷气推进研究中心负责人的职务，办理回国手续。他买好了从加拿大飞往香港的机票，把行李也交给了搬运公司装运。然而，就

在他打算离开洛杉矶的前两天，忽然收到美国移民及归化局的通知——不准离境！移民局甚至威胁他，如果私自离境，抓住了就要罚款，甚至要坐牢！又过了几天，钱学森被抓进了美国移民及归化局看守所，"罪名"是"参加过主张以武力推翻美国政府的政党"。

青年时期的钱学森

　　钱学森交给搬运公司的行李也遭到了美国海关及联邦调查局的检查，据说从中"查出"电报密码、武器图纸之类。移民及归化局要"审讯"钱学森，说钱学森是"美国共产党成员"，后来又说钱学森的美国同学中有人是美国共产党成员。移民及归化局扬言钱学森因"违反美国移民法"要将他"驱逐出境"，这话说出口没多久又连忙改口，因为要把钱学森"驱逐出境"这正是钱学森求之不得的。在看守所里，钱学森像罪犯似的被监禁着。钱学森曾回忆道："我被拘禁的15天内，体重就下降了30斤。在拘留所里，每天晚上，特务隔一个小时就进来把你喊醒一次，使你得不到休息，精神上陷于极度紧张的状态。"美国移民及归化局迫害钱学森引起了美国科学界的公愤。不少美国友好人士出面营救钱学森，为他找辩护律

在美国求学时期的
钱学森（中）

师。他们募集了1.5万美元作为保释金，才把钱学森从看守所里保释出来。1950年朝鲜爆发战争后，钱学森回国的愿望落空了，他因为是中国人而遭到了迫害。1955年6月，钱学森得到机会给国内写信，他立即请求党和政府能帮助他早日回到祖国的怀抱。在周恩来总理亲自关心和支持下，1955年10月18日，钱学森一家人终于回到了阔别20年的祖国。

钱学森与导弹研制科研人员

1956年，钱学森起草了《建立我国国防航空工业的意见书》，提出了我国火箭、导弹事业的组织方案、发展计划和具体措施。同年10月，国防部第五研究院成立，钱学森任研究院院长，负责导弹和火箭的研制工作，为我国航天科技和国防建设事业建立了卓越功勋。

他主持完成了"喷气和火箭技术的建立"规划，参与了近程导弹、中近程

导弹和中国第一颗人造地球卫星的研制，直接领导了用中近程导弹运载原子弹"两弹结合"实验，参与制定了中国近程导弹运载原子弹"两弹结合"实验，参与制定了中国第一个星际航空的发展规划，发展建立了工程控制论和系统学等。在钱学森的努力带领下，1964年10月16日中国第一颗原子弹爆炸成功，1967年6月17日中国第一颗氢弹空爆试验成功，1970年4月24日中国第一颗人造卫星发射成功。

钱学森在力学的许多领域都做过开创性工作。他在空气动力学方面取得很多研究成果，最突出的是提出了跨声速流动相似律，并与卡门一起，最早提出高超声速流的概念，为飞机在早期克服热障、声障，提供了理论依据，为空气动力学的发展奠定了重要的理论基础。高亚声速飞机设计中采用的公式是以卡门和钱学森名字命名的卡门——钱学森公式。此外，钱学森和卡门在20世纪30年代末还共同提出了球壳和圆柱壳的新的非线性失稳理论。钱学森在应用力学的空气动力学方面和固体力学方面都做过开拓性工作。与冯·卡门合作进行的可压缩边界层的研究，揭示了这一领

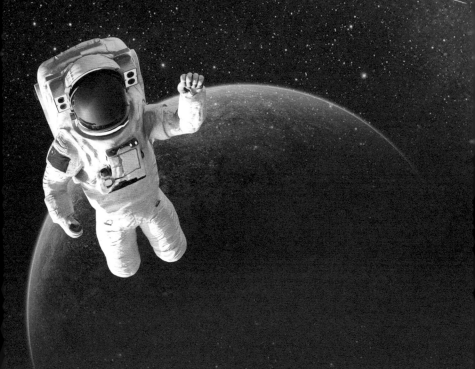

域的一些温度变化情况，创立了"卡门——钱近似"方程。与郭永怀合作最早在跨声速流动问题中引入上下临界马赫数的概念。另外，钱学森还在物理力学、航天与喷气、工程控制论和系统科学等领域也颇有建树。

从"两弹一星"到载人航天工程和探月工程，正是有钱学森等老一辈科学家的无私奉献和一代代科技工作者的不懈努力，才使我们得以仰望头顶那片更加辽阔的星空。

五、太空先驱者

遨游太空是人类自古就有的梦想，然而通往太空的征程却没有任何捷径可走。太空环境并不具备人类生存的条件，人类要迈向太空，不仅要克服地球引力，还要面对严苛的太空环境，承受巨大的技术风险，因此，那些为实现人类太空之梦的航天员，无疑是值得我们崇敬的勇士。

太空，我来了

1.加加林

1961年4月12日，苏联航天员尤里·加加林乘坐"东方一号"飞船进入太空，人类第一次来到了外层空间。加加林是人类离开地球走向太空的第一人，当他返回地球后，被视为国家英雄，受到了人们的热烈欢迎。当时正值美苏冷战时期，因而，他也成为苏联实力的代言者。在苏联国内，许多城市的街道以他的名字命名，人们为他塑起了雕像，甚至苏联当时的领导人赫鲁晓夫称他为苏联的克里斯托弗·哥伦布。

1934年3月9日，加加林出生于苏联斯摩棱斯克州一个集体农庄的普通农家中。当加加林15岁时，他停止了中学的学业进入工厂工作，以便尽早从经济上帮助他的父母。翻砂车间的工作是繁重的，而加加林依然每天坚持去工人夜校学习。

1951年，加加林以优异的成绩毕业于柳别尔齐职业中学，之后他继续在萨拉托夫工业技术学校学习。加加林的飞行员生涯就是从萨拉托夫开始的，他加入了萨拉托夫航空俱乐部，业余时间学习飞行。

1955年，加加林以优异成绩从工业技术学校毕业，之后被征入航空学校，开始在奥伦堡航空军事学校学习飞行，1957年被推荐至奥尼

加加林

堡第一契卡洛夫空军飞行员学校正式参加苏联军队,此后他成为苏联北海舰队航空军团的一名歼击机飞行员。

1959年10月,苏联首批宇航员的选拔工作在全国展开。加加林从3400多名35岁以下的空军飞行员中脱颖而出,成为20名入选者中的一员,并于1960年3月进入莫斯科的苏联宇航员训练中心接受培训。

在经过了严格训练和多次选拔后,加加林成为第一个入选"东方计划"精英训练组的航天员,并最终被确定为苏联第一名进入太空的航天员。

1961年4月12日莫斯科时间上午9时零7分,加加林乘坐"东方一号"宇宙飞船从拜科努尔航天发射场起飞,在远地点为301千米的轨道上绕地球一周,历时1小时48分,于上午10时55分安全返回,降落在萨拉托夫州斯梅洛夫卡村地区,完成了世界上首次载人航天飞行。

1968年3月27日,加加林和飞行教练员弗拉基米尔·谢廖金进行例行飞行训练时,因战机意外坠毁而不幸遇难。

太空，我来了

　　加加林逝世后，他的骨灰被安葬在克里姆林宫墙壁龛里，他的故乡格扎茨克被命名为"加加林城"，他训练所在的航天员训练中心也以他的名字命名。为纪念加加林首次进入太空的壮举，俄罗斯把每年的4月12日定为航天节，以缅怀这位英雄人物。国际航空联合会设立了加加林金奖章。加加林是人类迈向宇宙时代的象征。国际天文学界以他的名字命名了月球背面的一座环形山，还以他的名字命名了小行星1772，以此纪念他在人类迈向宇宙空间征程上的开创性壮举。

加加林塑像

2.阿姆斯特朗

尼尔·奥尔登·阿姆斯特朗,美国宇航员,世界上第一个踏上月球的人。

1930年8月5日,阿姆斯特朗出生于美国俄亥俄州的沃帕科内塔。他的飞行生涯开始于大学时期。1947年,阿姆斯特朗进入大学学习,两年后到海军服役了三年,服役结束后再继续学习,于1955年毕业,后来在南加州大学获得了航空工程学硕士学位。

1949年,在大学学习期间的阿姆斯特朗被征召入伍,进入海军飞行基地学习飞行。经过一年半的训练后,阿姆斯特朗成为一名战斗机飞行员。服役期间,他曾被派往朝鲜战场,执行战斗任务。1952年8月服役结束后,他返回大学继续学习。大学毕业后,阿姆斯特朗决定当一名试飞员。1955年2月,他在克里夫兰的格伦研究

青年时期的阿姆斯特朗

中心正式开始试飞员的工作。5个月后，阿姆斯特朗去了爱德华空军基地。1962年，美国航空航天局开始挑选第二批航天员，这一年的9月，他成为9名新航天员中的一员。

1965年9月20日，"双子星8号"的航天员选择结果公布：阿姆斯特朗担任指令飞行员，与大卫·斯科特搭档。"双子星8号"于1966年3月16日发射，整个任务持续了75小时，阿姆斯特朗和斯科特环绕地球飞行了55圈。此后，他又参与了"双子星11号"的飞行任务。

1967年4月，阿姆斯特朗和其他17名参与过"双子星计划"的航天员成为"阿波罗"登月计划首次登月航天员的人选，并为此开展了紧张训练。1968年12月，阿姆斯特朗和巴兹·奥尔德林、迈克尔·科林斯被确定为首批飞往月球的航天员。

在月球上的阿姆斯特朗

即将奔赴探月之旅的阿姆斯特朗

1969年7月16日9时32分（世界标准时间），装载着"阿波罗11号"的"土星5号"火箭在肯尼迪航天中心发射升空，12分钟后进入地球轨道。在环绕地球一圈半后，第三级子火箭点火，航天器开始向月球飞去。"阿波罗11号"于7月19日经过月球背面，很快点燃了主火箭并进入了月球轨道。在环绕月球的过程中，三名宇航员在空中辨认出了计划中的登月点。计划中的登陆点在静海南部，选择这个登陆点的原因是因为它比较平整，可以避免登月舱在降落时和宇

航员在舱外活动过程中遇到太多困难。这个登陆点也被阿姆斯特朗称为"静海基地"。

登陆舱开始下降后，警示过载的警报器响了起来，登月舱比预设多飞行了4秒，阿姆斯特朗他们很快意识到"飞过头"了。

阿姆斯特朗选择了手动控制登月舱，此时，登月舱位于月面上空大约9米，而飞行燃料即将耗尽，剩余的燃料仅够用30秒。阿姆斯特朗在遍布砾石和陨石坑的月面冷静地找到一处适于着

太空，我来了

陆的地方，驾驶登月舱稳稳地降落在月球上，此时
为世界标准时间1969年7月20日下午4时17分
43秒。

　　在登月舱降落六个半小时后，阿姆斯特
朗扶着登月舱的阶梯踏上了月球。他说："这
是我个人的一小步，但却是全人类的一大步。
(That's one small step for a man, one giant leap for
mankind.)"

　　"阿波罗11号"任务完成后，阿姆斯特朗也结
束了他的飞行生涯，之后他进入大学担任教授从事
教育工作。

　　2012年8月25日，阿姆斯特朗因病去世，享年
82岁。美国举行了全国性的悼念活动，以纪念这
位伟大的登月勇士。

人类在月球上的第一个脚印

美国普渡大学校园中的阿姆斯特朗塑像

六、太空旅游

人类在航天航空技术领域取得的巨大成就，使我们有希望在不久的未来实现真正的太空旅游。太空旅游是基于人们遨游太空的理想，面向非航天员人群，提供进入太空体验和观赏太空风光的一种旅游服务方式。2001年4月30日，第一个太空游项目开始。前三位的太空游客分别为美国商人丹尼斯·蒂托、南非富翁马克·沙特尔沃思和美国人格雷戈里·奥尔森。专家表示，未来的太空旅游将呈现大众化、项目多样化、多家公司竞争、完善安全法规等四大趋势。目前的太空旅游方式主要有以下四种：抛物线飞行、高空飞行、亚轨道飞行和轨道飞行。

抛物线飞行并非是真正意义上的太空旅游，它只能让游客体验约半分钟的太空失重感觉，航天员在训练时为了体验失重通常也是采用这种方法。游客如果乘坐俄罗斯训练航天员用的"伊尔-76"等飞机作抛物线飞行，每位旅客需要支付的费用约为5000美元。

接近太空的高空飞行也并非货真价实的太空旅游，但它能让游客体验身处极高空才有的感觉。当游客飞到距地面18千米的高空时，便可看到脚下地球的地形曲线和头顶黑暗的天空，体会到一种无边无际的空旷感。目前计划用来实施这种旅游的飞机有俄罗斯的"米格-25"和"米格-31"高性能战斗机。这些飞机能飞到24千米以上的高度，乘坐它们旅游的每张票价约为1万美元。

亚轨道飞行能产生几分钟的失重感，美国私营载人飞船"宇宙飞船一号"和俄罗斯计划研制的"C-XXI"旅游飞船就是从事这种飞行的典型，它们在火箭发动机熄火和再入大气层期间能产生几分钟的失重。这种飞行旅游的价格约为每人每次10万美元。

轨道飞行是真正意义上的太空旅游方式，美国人奥尔森体验的便是轨道飞行旅游。美国航天飞机"哥伦比亚号"航天飞机失事后，太空旅游机构大多将目光转向了俄罗斯的"联盟"系列飞船。乘坐这一类飞行器旅游的每张票价约为2000万美元。

除了以上提到的四种相对成熟的"太空游"形式，还有没有新项目丰富太空之旅呢？

设想一下悬浮在距地面400千米高的度假酒店吧。有报道说，俄罗斯航天部门正由官方和企业共同设计微型"太空旅馆"的计划。此外，也有美国工程师提出，可用轻型充气材料建一个长期绕地飞行的舱体，其"房费"将比空间站旅游便宜一些。

国际上还有一些专家在进行用纳米材料制造"太空电梯"的探索。"太空电梯"吊索的一端固定在陆地或海面的平台上，另一端与距地面3.6万千米的地球同步轨道航天器相连。这项研究的最终目标是让人和货物在太阳能驱动的"电梯"中升降上万千米，而每千克负载的运送成本据估算仅需10美元。"太空电梯"的设想如能实现，太空旅游、航天客货运输将迎来全新的发展机遇。

太空旅游

真正的太空旅游是轨道飞行方式，而前往国际空间站实现轨道飞行最为理想，目前可供游客往返空间站的"交通工具"主要是俄罗斯的"联盟"飞船和美国的航天飞机，因此，这种旅游方式极其昂贵，单价在2000万美元以上。国际上一些机构和企业将目光投向了各种相对便宜的"准太空旅游"方式。"准太空旅游"方式主要包括飞机的抛物线飞行、接近太空的高空飞行和亚轨道飞行。近些年，为了保持在太空旅游领域的优势，美国"太空冒险"公司宣布了"月球旅游"计划。按照这个计划，游客将首先前往国际空间站，在站内停留一周之后再乘坐"联盟"飞船前往月球，在离月球表面160千米的轨道上近距离欣赏"月景"。此外，美国"太空冒险"公司还雄心勃勃地开发新的旅游项目——太空行走。

　　尽管无论经营者还是消费者都对太空旅游的前景抱有很高的期望值，但太空真要成为人们下一个旅游目的地，还必须要迈过几道坎。目前轨道飞行的2000万美元费用，使太空旅游只能是"富人的俱乐部"，因此，降低费用是扩大太空旅游市场的关键。太空飞行的安全风险依然无法忽视。针对太空旅游的高风险性，美国联邦航空局已出台了第一部针对太空旅游业务的条例，该条例暂时没有强制要求太空旅游公司保证旅客人身安全，理由是太空旅游尚处于起步阶段；在太空旅游的过程中，游客的身体必须要能经受得起火箭起飞时的巨大噪音、振动、过载等种种考验，同时，还必须能够耐受强辐射、长时间失重等状况。提高运载工具的舒适性，也是开拓太空旅游的重要因素。美国亚特兰大太空工程公司总裁及首席执行官约翰·奥兹指出，太空旅游市场如果要达到一定的规模，每次价格必须降到5万到10万美元之间，才能让大众接受。能够重复使用的宇宙飞船则为向太空运送更多的平民拜访者开辟了一条在经济上切实可行的途径。2006年7月,首架专为太空旅游开发的可以重复使用的"火箭飞机"已由美国加州一家名叫XCOR的太空旅游公司研制并试飞成功。美国航空航天工业前景研究委员会建议开发低成本的商用太空旅游飞船——太空巴士,每次可坐20人左右。这种设想中的太空巴士,属于能运送游客往返于国际空间站与地面之间的双程轨道运输机。而航天能力同样不凡的俄罗斯宇航局则在2004年6月宣布,他们准备用C-21型航天器进行有偿载人飞行活动,每人

的旅费仅为10万美元。

　　尽管实现太空旅游仍然面临着许多问题，但是，人们依然相信，随着空间技术的发展，在不远的将来，太空旅游"平民化"会成为现实。随着火箭技术不断进步，前往太空的舒适度将会大幅提高，同时随着运载能力的提高，大规模太空旅行也将会实现。科学家早就计划向太空发射人造天体，庞大的人工天体可以用来进行太空移民，当人工天体成为现实，将会有大量的人移民到人工天体上去，那时候人类便可以在太空中生活了。

如何探索太空

第二章　如何探索太空

深邃的星空浩瀚神秘，一直吸引着人类的目光。人们很早以前就对太空充满好奇，通过对星空的长期观察，古代人学会了利用星斗指引方向。4000多年前，两河流域的古巴比伦人创建了以月亮围绕地球旋转周期计算的太阴历，中国夏朝所使用的阴历与此如出一辙，而在非洲尼罗河流域的古埃及人则以地球绕太阳公转的运动周期为基础制定了最早的太阳历。

近代以来，人类探索太空的步伐不断加快，研究成果层出不穷。虽然人类的探索目光已达宇宙深处，但是迄今为止，人们发现地球仍然是唯一适合人类生存的星球。

一、地球的邻居

在茫茫的宇宙之中，我们人类居住的星球叫地球，而地球只是太阳系这个大家庭中的一颗普通行星。

广义的太阳系包括太阳、4颗像地球的类地行星、4颗充满气体的类木行星、由许多小岩石组成的小行星带、充满冰冻小岩石被称为柯伊伯带的第二个小天体区以及外围的奥尔特星云。根据行星到太阳的距离，太阳系的8颗行星依序是水星、金星、地球、火星、木星、土星、天王星和海王星。

1.太阳

太阳是太阳系的中心天体，是太阳系中光和热的源泉。在中国古代神话中常用金乌来代称太阳，而在西方神话中，阿波罗被认为是太阳神。

太阳是一颗黄矮星，大约45.7亿年前在一个坍缩的氢分子云内形成。太阳的质量约为2×10^{30}千克（约为地球的332000倍），占太阳系总体质量的99.86%。从化学组成来看，现在太阳质量约75%是氢，剩下的几乎都是氦。太阳采用核聚变的方式向太空释放光和热，这些光和热抵达地球需8分钟。太阳同行星一样，绕穿越其中心的轴自转，自转周期是26天，同时太阳绕银河系中心公转，绕银河系中心公转周期约2.5×10^8年。

太阳由核心、辐射区、对流层、光球层、色球层、日冕层构成。光球层之下称为太阳内部；光球层之上称为太阳大气。

太阳是磁力活跃的恒星，较强的磁力活动引起的太阳大气层里的一切活动现象统称为太阳活动，包括在太阳表面的太阳黑子、光斑、谱斑、耀斑、日珥和日冕瞬变及穿越太阳系且不断变化的太阳风。地球上的极光就是由太阳风形成

的带电粒子流造成的。太阳活动时强时弱，平均以11年为周期。太阳活动对地球和人类影响很大，如地震、火山爆发、旱灾、水灾以及人类心脏和神经系统的疾病，甚至与交通事故都有关系。人类对于太阳活动的观测，最早见于公元前4世纪的《甘石星经》，公认的世界上第一次明确的太阳黑子记录是《汉书·五行志》："成帝河平元年，三月乙未，日出黄，有黑气，大如钱，居日中央。"

太阳系

2.水星

水星在中国被称为辰星（西方人则称它为墨丘利），是太阳系内与地球相似的4颗类地行星之一。

水星的直径约为月球直径的1.5倍，体积约为月球的3倍，是太阳系8颗行星中最小的一颗。水星的密度是5.427克/立方厘米，地球的密度是5.515克/立方厘米。水星上的金属大约占到了70%，其余为硅酸盐材料。

水星有几个"最"：

距太阳最近：水星和太阳的平均距离为5790万千米，约为日地距离的0.387倍（0.387天文单位），目前仍未发现有比水星更接近太阳的行星。

轨道速度最快：水星距离太阳最近，因而受到的引力也最大，轨道速度为48千米/秒，比地球的轨道速度快18千米/秒。

公转时间最短：水星绕太阳的公转周期仅为88天。

自转时间最长：水星自转一周需58646天（地球日），地球自转一周就是一昼夜，而水星自转三周才是一昼夜。

表面温差最大：水星表面大气极其稀薄，同时距离太阳极近，在太阳的直射下，向阳面的温度最高可达430℃，背阳面的夜间温度可降到-160℃，昼夜温差近600℃，可谓是一半冰山一半火焰。

卫星最少：水星质量太小，距离太阳又最近，因而没有卫星。

3.金星

金星也是一颗类地行星,中国古代称之为长庚、启明、太白或太白金星,古希腊人称它为阿佛洛狄忒 —— 爱与美的女神,而罗马人则称它为维纳斯 —— 美神。

金星是目前已知的类似恒星目视亮度的天体中最亮的,在太阳系中只有太阳和月亮比它更亮,同时它也是太阳系中唯一没有磁场的行星,在八大行星中,金星的轨道最接近圆形。金星自转方向与其他行星相反,是自东向西旋转。因此,在金星上观察太阳为西升东落。金星自转周期长达243天,绕日公转周期仅为224.7天,金星上的一昼夜相当于地球上的117天。

金星的大气密度约为地球的100倍,且大气97%以上为二氧化碳。金星大气中由浓硫酸组成的浓云厚度达20～30千米。

二氧化碳和浓云允许太阳光通过,却不能让热量透过云层散发到宇宙空间,从而形成了强烈的温室效应。被封闭起来的太阳辐射使金星表面变得越来越热,金星表面温度高达465～485℃,且基本无地区、季节、昼夜的差别。金星上的气压很高,约为地球的90倍。浓厚的金星云层使金星上的白昼朦胧不清。云层顶端有强风,速度最高时可达350千米/小时,但行星表面风速较低,每小时不到几千米。

4.火星

火星是一颗类地行星,我国古代将火星称为"荧惑星",古罗马人则称它为"战神玛尔斯星"。

火星比地球要小,与地球相比,直径约为50%,体积为15%,质量为11%,表面重力约为40%。火星存在两个天然卫星:火卫一和火卫二,形状不规则,科学家推测是火星捕获的小行星。

惠更斯(1629—1695年)第一个使用望远镜观察到火星表面呈现复杂多样的特征,并将火星表面绘制成图。随着观测技术的发展,科学家们发现火星上有很多年代已久的环形山和一些形成不久的山谷、山脊、小山及平原。火星地表沙丘、砾石遍布,还覆盖着一层橘红色的赤铁矿(氧化铁)。火星大气成分以二氧化碳为主。

火星自转与地球相近,自转周期为24小时39分35.244秒,公转周期为687地球日(1.88地球年)。2015年9月28日,美国宇航局公布火星上有少量的水。据法新社2018年7月

荒芜的火星表面

25日报道，欧洲航天局（ESA）的研究员称，在火星上发现了液态地下水湖。

火星在太阳系中，与地球相似，是一个具有可供人类移居的星体。

5.木星

木星是一个气态巨行星。木星在希腊神话中是宙斯的代表，在罗马神话中则为朱庇特，皆为众神之王。在中国道教文化里，木星是福星，也称岁星。

木星是太阳系八大行星中体积最大、自转最快的行星，质量为太阳的千分之一，是太阳系中其他七大行星质量总和的2.5倍。木星的体积是地球的1321倍，但质量只是地球的318倍，引力是地球的两倍多。

木星的表面温度为-168℃。木星的大气组成中，按分子数量来看，81%是氢，18%是氦，按质量则分别为75%和24%，另有约1%左右的其他气体，其中包括甲烷、水蒸气、氨气等。在木星上，云以约650千米/小时的速度环绕着行星。木星绕太阳旋转需要12年。木星向外辐射的能量几乎是它从太阳获得能量的两倍，而木星的中心温度接近40000℃，比太阳表面更热，被称为未点燃的太阳。木星上的云层只有约50千米厚，云层下面仅有氢和氦。如果没有木星的引力作用，地球可能会被更多的小行星撞击。

被观测到的木星的"大红斑"是木星外大气层中的乱流和风暴。它比地球大三倍，已经持续了至少180年。因为木星自身产生热量，所以它每年收缩2厘米。

木星赤道部分的自转周期为9小时50分30秒，两极地区的自转周期稍慢一些，绕太阳公转的周期为4332.589天，约合11.86年。

2018年2月，美国航天局公布了由"朱诺"号卫星拍摄到的一组木星南极的图像。木星是太阳系中拥有卫星数量最多的行星，木卫三是太阳系中最大的卫星。2018年，天文学家发现了12颗新的木星卫星，使得这颗气态巨行星的已知卫星数量增加到79个。

6.土星

在希腊神话中，土星代表着农业之神，在我国古代，土星被称为镇星，古人观察到它约28年运行一个周天（实际周期为29.5年），相当于其坐镇天上的二十八宿，故曰"岁镇一宿"。

土星是气态巨行星，由氢、氦组成，在太阳系中，土星的大小和质量仅次于木星。土星有一个独一无二的行星环，主要的成分是冰的微粒和较少数的岩石残骸以及尘土。最初伽利略观察土星像土星的两个把手，一两年后却观测不到了。土星环的消失给伽利略造成了巨大的困惑，传言伽利略唯恐在土星观测上出现幻觉而停止观测土星，将观测工作交给其他人，但是不久之后土星环又出现了。直到40多年后惠更斯才解开了这一谜团：土星周围围绕着一圈很薄的环形平面，与土星没有接触且与黄道倾斜。当光环侧面正对着地球时，由于光环很薄，伽利略使用的望远镜不够完备，所以才观测不到。

科学家认为土星内部结构有一个小岩石的核心，土星形成时，起先是土物质和冰物质吸积，继而是气体积聚，因此土星有一直径2万千米的岩石核心。这个核占土星质量

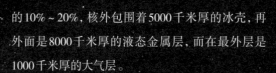

的10%～20%，核外包围着5000千米厚的冰壳，再外面是8000千米厚的液态金属层，而在最外层是1000千米厚的大气层。

土星外围的大气层包括96.3%的氢和3.25%的氦，可以侦测到的气体还有氨、乙炔、乙烷、磷化氢和甲烷等。

土星的自转速度很快，其自转角速度随纬度不同而变化。在赤道上，其自转周期为10小时14分，在纬度60°处为10小时33分38秒。由于快速自转，使得它的形状变扁，是太阳系行星中形状最扁的一个。

土星围绕太阳在椭圆轨道上运动。其绕太阳公转的轨道半径约为9.54天文距离单位（约14亿千米），轨道的偏心率为0.056，轨道面与黄道面交角为2°5′，绕太阳公转一周约29.5年，公转平均速度约为9.6千米/秒。

7.天王星

天王星在希腊神话中代表天空之神乌拉诺斯（宙斯的祖父）。

天王星是太阳系的第三大行星，直径为51000千米，是地球直径的4倍，距离太阳29亿千米，相当于地日距离的20倍。

天王星与海王星的内部和大气构成与气态巨行星木星、土星不同。因此，天文学家设立冰巨星并将其归入此类。天王星主要成分是氢、氦和甲烷，是太阳系内大气层最冷的行星，最低温度为-224℃，因此天王星也被分类为冰巨星。天王星是太阳系唯一一颗"躺着"运行的行星，其地轴与公转轨道几乎平行，赤道与行星轨道的夹角为97.9°。它的南极或者北极大部分时间正对主恒星，竖直的星环显得十分特殊，看起来就像是一颗滚在太阳系轨道上的行星，因而被戏称为太阳系中"最懒"的行星。科学家最初认为天王星之所以躺着运行，是由于在天王星还没有发展到如今的巨大体积之前有一颗大质量天体与其碰撞，巨大的冲击力导致天王星发生无法恢复的倾斜。但是经过精密的数学计算后发现很难找到一个足够大的天体将天王星撞得偏向一侧。现在科学家推测，天王星倾斜是由于受到邻居巨大引力的牵引，属于复杂的动力学范畴。

天王星自转周期为17小时14分24秒，但是昼夜交替一次需要42年。也就是说，天王星特殊的运行导致阳光在21年中只会照射到一个极点，另一个极点经历着漫长的黑暗。按照人类的寿命计算，在天王星一天就是42年，那么人类在天王星上最多能活三天。

天王星的质量大约是地球的14.5倍。天王星中心是岩石的核，中间是冰的地函，最外面是氢与氦组成的外壳。天王星的核非常小，只有0.55个地球质量，半径不到天王星的20%；地函质量大约是地球的13.4倍；最外层的大气层大约占剩余20%的半径，质量约为地球的0.5倍。

8.海王星

海王星表面有一层淡蓝色的光,所以西方人用罗马神话中的海神"尼普顿"的名字来称呼它。

海王星是一颗冰巨星,大气层以氢和氦为主,还有微量的甲烷,大气层中的甲烷是行星呈现蓝色的原因之一。海王星在直径和体积上小于天王星,但质量却大于天王星,是地球的17.135倍。海王星上有太阳系最强烈的风暴,测量到的风速高达2100千米/小时。海王星云顶的温度为-218℃,因为距离太阳最远,是太阳系最冷的地区之一。尽管如此,海王星却有着一个炽热的内部,海王星核心的温度约8000℃,和大多数已知的行星相似。

海王星的星核是一个质量不超过一个地球质量的由岩石和冰构成的混合体,海王星地幔总质量相当于10~15个地球质量,富含水、氨、甲烷和其他成分。这是一种高度压缩的过热流体,依据行星学惯例,这种混合物被叫作冰。高层大气主要由氢(80%)和氦(19%)组成。甲烷、氨和水的含量随高度降低而增加。内部大气底端温度更高,密度更大,进而逐渐和行星地幔的过热液体混为一体。

海王星自转周期为15小时57分59秒,公转周期约为

164.79个地球年。

海王星于1846年9月23日被发现,是唯一利用数学预测而非有计划的观测而发现的行星。

9.矮行星

2006年8月24日在捷克首都布拉格举行的第26届国际天文学大会重新对太阳系内的天体进行分类后,新增加了一组独立天体,并将其命名为矮行星。矮行星的定义仅适用于太阳系内。会议决议中对矮行星的描述为:行星指的是围绕太阳运转,自身引力足以克服其刚体力而使天体呈圆球状,并且能够清除其轨道附近其他物体的天体。一颗不是卫星的天体如果只满足了前两个条件,将被分类为"矮行星"。至此,长期以来被称作太阳系第九大行星的冥王星被归入了矮行星序列,编号为小行星134340号。

10.哈雷彗星

彗星由彗核、彗发和彗尾三部分组成。彗核是由水、干冰、氨、尘埃组成,是个脏雪球!当彗星接近恒星时,彗星物质升华,在冰核周围形成朦胧的彗发和一条稀薄物质流构成的彗尾。彗星的轨道有椭圆、抛物线、双曲线三种。椭圆轨道的彗星又叫周期彗星,另两种轨道的又叫非周期彗星。

哈雷彗星是每75年或76年环绕太阳一周的周期彗星,是人类首颗有记录的周期彗星,在古代中国、古巴比伦和中世纪的欧洲都有这颗彗星出现的明确纪录。史书记载,春秋鲁文公时期"秋七月,有星孛入于北斗",这是世界上第一次关于哈雷彗星的确切记录。

二、人类的家园

在浩瀚的宇宙之中，有一颗衣着白纱的蔚蓝色星球，它美丽而又独特，因为它孕育出了神奇的生命，它就是人类的家园——地球。

美国航天员唐·林（Don L. Lind）在回忆他从太空遥看地球的感受时说："我也看过很多从太空拍摄的地球照片，可能不比任何人少，所以我很清楚自己会看到什么。对于知识上的准备，我已经做得面面俱到，但对情感上的冲击，我却毫无防备，以至于看到那幅景象时，竟感动到落泪。"

1.地球的来源

关于地球的来源，古代中国有盘古开天辟地的传说。18世纪以来，与科学技术进步相伴随，对地球和太阳系的研究方法更加丰富，但对地球的来源问题依然未能获得准确的答案。科学家对地球的来源提出了各种假说，归纳起来主要有灾变说和星云说两类。

灾变说认为地球是某种偶发事件引起的剧变而形成的。历史上的第一个灾变说是由法国博物学家布丰于1745年提出的，他认为地球是由于彗星"掠碰"（擦边而过）太阳边缘导致太阳自转之后由太阳分离出许多炽热的团块，这些团块一部分落回太阳，一部分脱离太阳的引力飞走了，还有一部分则绕太阳旋转起来，后来形成了包括地球在内的行星。现在看来这种观点明显不成立，但是受时代的局限性，在17世纪，彗星还被认为是质量很大的天体。

美国地质学家张伯伦于1900年提出了"星子说"。后来，他同美国天文学家摩尔顿合作，将这种学说加以发展。这种观点认为，恒星运行到离太阳只有几百万千米的地方，在太阳的正面和反面掀起两股巨大的潮。从太阳喷出的物质逐渐汇合形成一个围绕太阳的气盘，然后凝聚成许多固态质点，再集聚成固态块，称为"星子"，最后它们聚合成行星和卫星。

1916年，英国天文学家金斯提出了著名的"潮汐说"。"潮汐说"假定太阳附近有一颗质量巨大的恒星，在恒星巨大的引力作用下，太阳表面产生了类似潮汐的隆起物；正面的隆起物相当大并逐渐脱离太阳，形成一雪茄烟形的长条绕太阳旋转，长条内部气体凝聚，进而集结成各个行星。这个学说被以后的理论计算所否定。

金斯以后的灾变说主要有杰弗里斯的"碰撞说"、里特顿等人的"双星说"以及霍伊尔等人的"超新星说"等。杰弗里斯的"碰撞说"认为另一颗恒星与太阳擦边相碰，碰出的物质形成了行星系。里特顿等人的"双星说"认为太阳是双星的一个子星，这对双星因受第三颗恒星作用，分出物质，形成行星系。霍伊尔等人的"超新星说"认为太阳的伴星是超新星，它爆发出的一部分物质被太阳俘获。

灾变说看似合理，其实这种学说存在三个不能越过的难题：一是恒星间的接近或碰撞概率极小，难以说明有众多日外行星系的存在。二是从恒星或太阳拉出的物质扩散的速度远大于凝聚速度，不会形成行星。三是计算表明，这种模式不能解释太阳系角动量特殊分布的特征。因而，20世纪50年代后灾变说逐渐走向衰落。

星云说是目前最为流行的关于地球起源的理论。这种理论认为太阳系起源于原始星云。

1755年，康德在他的著作《自然通史和天体论》中提出了星云学说。康德认为太阳和太阳系中的行星都是由同一个原始星云团演变来的。引力使星云中的微粒相互接近，大微粒把小微粒吸引过去凝成较大的团块；团块越来越大，引力最强的中心部分吸引的物质最多，最先形成了太阳。外面的微粒在太阳吸引下向中心下落并形成几个引力中心，它们分别凝聚成行星。

1796年拉普拉斯在《宇宙体系解说》附录中也提出星云说。拉普拉斯认为太阳系最初是一个灼热旋转的星云，因冷却凝缩，旋转速度加快，使星云呈扁平状，赤道部分突出。当离心力超过引力时逐次分裂出许多环状物。现知土星、天王星、木星和海王星有这样的环状物便是证据，这种环叫拉普拉斯环。最后星云中心部分凝聚成太阳，各个环状物碎裂并凝结成为围绕太阳运行的地球和其他行星；月球和其他卫星以相同方式由行星分裂而成。这一假说解释了太阳系的形成和主要特征，这种按物质运动自身发展规律提出的观点是科学的唯物论的宇宙观。

20世纪80年代初，天文学家发现离我们100亿光年外存在的原始星系云，基本处于电离氢状态，其体积与银河系接近，有可能是初始宇宙大爆炸后遗留下来的原始星云物质。这为星系起源的星云说提供了可信佐证。

20世纪40年代以后出现的"现代星云说"，主要有以下几个显著特点：

第一，吸取了康德-拉普拉斯学说中的精髓和合理部分，即太阳系由同一团星云在自然规律作用下逐渐形成。

第二，充分运用了现代科学的理论及空间探测新资料，包括恒星早期演化理论及灾变说中的一些合理部分。

第三，逐渐进入定量计算及模拟实验的阶段。

对地球起源的研究，一直是天文学家关注的重点问题。随着现代天文学的不断发展，有关地球起源的理论将不断得到补充和修正。

2.地球的年龄

地球的年龄究竟有多大呢，这是一个在很长时间内困扰人类的问题。在出现系统科学的研究地球年龄的方法和仪器以前，人们往往从宗教的教义出发去设定地球的年龄。

17世纪到18世纪，一些科学家提出了测定推算地球年龄的方法。如有些科学家提出，假定海水最初是不含盐分的，河水入海的时候将陆地的盐分带入海里。通过测量现在海水的含盐量和全世界的河流每年带入海洋的盐量就可以大致计算出海洋的年龄，进而推算出地球的年龄。但是这一方法存在着明显的问题，由于不能确定海水最初是否含盐，河流每年带入海洋的盐量也不固定，地球与海洋是否同时形成也是一个未解之谜，因此这种方法并不科学。

另外还有部分科学家提出通过测量海洋每年的沉积率来推算地球年龄的方法。这些科学家认为测出海洋每年的沉积率和海洋沉积物的总厚度就可以计算出海洋的年龄。然而现实证明这种思路依然是不正确的，因为海底是不断运动的，海底沉积物也会随之发生变化。

19世纪中后期，达尔文进化论逐渐被大众接受。科学家发现可以通过研究生物化石来确定岩石的相对年龄，但这种方法依然存在明显缺陷，因为它不能推算出地球本身的绝对年龄。

20世纪，科学家们找到了最可靠的测定地球年龄的方法——同位素地质测定法。科学家发现，地壳中存在微量的放射性元素，放射性元素的原子核可以自动释放某些粒子从而转变为其他元素，这种现象在物理学中称作放射性衰变。自然条件下，放射性元素衰变速率不受外界条件影响而始终保持稳定。例如1克铀经过约45亿年的衰变，约有0.5克的铀衰变为铅和氦。根据放射性元素这一特性，科学家选择含铀的岩石，测出其中铀和铅的含量，便可以比较准确地计算出岩石的年龄。用这种

地球的演化

方法推算出的地球上最古老岩石的寿命约为38亿年。由于在地壳形成之前地球还存在一段表面处于熔融状态的时期，所以岩石寿命并不是地球年龄。科学家们估算了地球地表熔融状态和地壳形成的时间，从而推算出地球的年龄约为46亿年。

近些年来，科学家利用同位素地质测定法测算了各类陨石以及"阿波罗"航天员从月球上取回的月岩的年龄。测试结果显示，它们的年龄都在45亿年至46亿年之间。该结果说明太阳系中天体是同时形成的，同时也说明测定地球年龄的方法是比较准确的。

3.地球的结构

地球的结构有些类似洋葱，是由一系列同心层构成的球体。在地球外部由水圈、大气圈、磁层共同构成了围绕固态地球的外衣。地球表面的液态水层，称作水圈，在30亿年以前就已经形成。地球表面70%以上是蓝色的海洋，湖泊、江河只占地球表面水域很少的部分。大气圈和磁层可以阻挡来自外空间的紫外线、X射线、高能粒子等，并减缓陨石对

地球结构

地面的直接撞击。地球内部包括地壳、地幔和地核,很像由蛋壳、蛋清和蛋黄组成的鸡蛋结构。

地壳是地球实体表面的最外层,约几十千米厚,包括坚硬的岩石和覆盖在岩石上的风化的土层,因此又称为岩石圈。地壳在地球表面并不是均匀分布的,在我国的青藏高原地区,地壳厚度可达60~80千米,而在大西洋底部,地壳厚度约为5~6千米。地壳的平均厚度约为33千米,仅为地球半径的0.5%。地壳并非静止不动,火山爆发、地震、海啸等都是由于地壳运动而产生的。地壳中蕴藏非常丰富的矿产资源,已经探明的矿产资源有2000余种,如铁、铜、锡、金、银、钨、锌、煤、石油等等,都是人类发展过程中不可或缺的资源。

地幔是地球内部的中间层,位于地壳和地核之间。地幔深度范围约为地面以下33~2900千米之间。地幔又可分为上地幔和下地幔,上地幔含有大量的硅、氧、镁、铁等元素,由于其硅镁元素较多,又被称为地幔硅镁层。上地幔由于放射性元素大量集中,蜕变放热,使岩石高温软化,局部呈现熔融状态,部分科学家认为上地幔很可能是岩浆的发源地。下地幔除硅酸盐岩石以外还含有大量的金属氧化物和硫化物,下地幔物质比重大于上地幔,温度、压力和密度均增大,物质呈可塑性固态。科学家们推算地幔的温度为1000~2000℃,内部压力达9000~382000个大气压,物质密度为3.3~4.6克/立方厘米。在这种高温、高压和高密度条件下，物质处于一种类似混凝土初期的塑性的固体状态。

地核是地球的中心，总质量约为 1.88×10^{21} 吨，占地球总质量的31.5%，体积比火星还要大，约占地球总体积的16.2%。地核又可分为外地核、过渡层和内地核。外地核的物质为液态，厚度为1742千米，平均密度约为10.5克/立方厘米。过渡层厚度仅有515千米，该层物质处于由液体向固态过渡的状态。内地核又称铁镍核，主要成分是以铁、镍为主的重金属，其厚度约为1216千米，平均密度为12.9克/立方厘米。2013年5月，新实验测得地核的温度是6000℃，比以前估计的5000℃高了1000℃，其炙热程度与太阳表面相同。

4.地球的形状

人类对地球形状的认知经历了漫长的过程。古代时期人们对地球的认识十分有限，对脚下的大地有着各种各样的认识，如古代中国就有天圆地方的说法。

1519年9月20日到1522年9月6日，葡萄牙航海探险家麦哲伦率领的探险船队完成了人类第一次环球航行，证明了地球是一个球体的理论。

随着人类科技发展和现代探测技术的进步，人们最终发现地球并不是一个正球体，而是一个两极稍扁、赤道略鼓的不规则球体。

地球形状

通过实测和分析，我们现在知道地球的平均赤道半径为6378.38千米，极半径为6356.89千米。测量还发现，北极地区约高出18.9米，南极地区则低下24～30米。整体看来，地球的形状像一只梨子，赤道部分鼓起形成"梨身"，北极突出像个"梨蒂"，南极则凹进去一点，像个"梨脐"，因此，地球被叫作"梨形地球"。确切地说，地球是个三轴椭球体。

地球形状的形成，是由于它不仅要围绕太阳公转，还要自转，而地球的表面既有陆地又有水，质量分布不均匀，为了保持内部的引力平衡，在各方"争斗"下，逐渐形成了近似梨形的三轴椭球体。

关于地球的实际形状，科学界曾存在广泛争议。英国物理学家牛顿提出，地球由于绕轴自转，因而不可能是正球体，而只能是一个两极压缩、赤道隆起、像橘子一样的扁球体。但牛顿的理论遭到了反对，当时巴黎天文台第一任台长卡西尼和他儿子，就提出了反对意见。他们认为，地球长得更像一个西瓜。于是法国国王路易十四派出两支远征队，去实测子午线的弧度。结果证明，牛顿的扁球理论正确。17世纪中叶以前，人们一直把地球看作是正球形体，通过科学实践，这一看法才得到了修正。

三、更加遥远的星系

银河系是棒旋恒星系统，在天空上的投影像一条流淌在天上闪闪发光的河流，因而古人将之称为银河或天河，还有星河、天汉、银汉等称谓。璀璨的银河给人以无限遐思，古代的许多诗篇都以银河为意象来赞颂壮丽的自然和美好的爱情，如李白《望庐山瀑布》中的"飞流直下三千尺，疑是银河落九天"，秦观《鹊桥仙·纤云弄巧》中的"银汉迢迢暗度"等。

在西方文明的起源地，古希腊哲学家们也对银河系进行了探索。德谟克利特（公元前450—前370）认为银河系中的亮带是由遥远的恒星构成的，然而，亚里士多德（公元前384—前322）认为银河系是由"点燃一些巨大的多的而且靠得很近的恒星火焰"引起的，并且"点火发生在上层大气的一部分，在地面上与天上运动一致的地区"。到拜占庭帝国时期，新柏拉图主义哲学家雅戈尔（495—570）则认为银河系是天体。中世纪的欧洲，科学停滞不前，而在世界的其他地方，人们对宇宙的探索并没有停止。阿拉伯天文学家海赛姆（965—1037）首次尝试观测和测量银河系的视差，他确定"因为银河系没有视差，所以它必须远离地球，不属于大气层。"波斯天文学家比鲁尼（973—1048）提出银河系是"云雾状恒星性质的无数片段的集合。"而在西班牙安达卢西亚的阿拉伯天文学家伊本·西拿提出："银河系是由许多几乎互不接触的恒星组成的，由于受到来自地球物质折射的影响，它们看起来像是一个连续的图像。"14世纪，出生于叙利亚的伊本·凯伊姆提出银河系是"在固定恒星球体中聚集在一起的无数小星星"。

1610年，意大利天文学家伽利略使用望远镜观测银河系，发现它由大量微弱的恒星组成。1750年，英国天文学家托马斯·赖特在他的宇宙新假设中准确推测：该星系可能是由重力组合在一起的大量恒星的旋转体，类似于太阳系，但规模要大得多。1755年，伊曼努尔·康德详细阐述了赖特关于银河系结构的想法：从我们在银盘内部的视角看，由此产生的恒星盘可以看作是天空中的一个带。

威廉·赫歇尔在1785年通过计算天空不同区域的恒星数量首次描述了银河系的形状和太阳的位置。他制作了一幅星系图，太阳系靠近中心。1920年，卡普泰恩用一种精确的方法得到了一个小的（直径约为15千帕秒（1帕秒约等于3光年））椭球星系的图片，它的中心是太阳。哈洛·沙普利基于球状星团分类的另一种方法得出了完全不同的结果：一个直径约为70千帕秒的扁平银盘，太阳远离中心。这两种分析都没有考虑到存在于星系平面内的星际尘埃对光线的吸收，但在罗伯特·特朗普勒于1930年通过研究开放星团量化了这种效应之后，银河系现有图像出现了。

　　银河系是由2000多亿颗恒星、数千个星团和星云组成的中间厚、边缘薄的扁平盘状恒星系统。在银河系中，太阳系位于猎户座旋臂靠近内侧边缘的位置，距离银河系中心约2.64万光年，逆时针旋转，绕银心旋转一周约需要2.5亿年。银河系可见总质量是太阳质量的2100亿倍，直径在10万光年至18万光年之间。

　　从侧面观测，银河系近似周边扁平、中心略鼓的大银盘。银盘是银河系的主要组成部分，银盘直径约10万光年。银盘中心隆起的球状部分被称为核球，在核球的中心部位有一个致密区，致密区的范围很小，称为银核。银核中间鼓起部分，是恒星密集区，从地球上看是白茫茫的一片，称为银心。银盘中间最厚部分的厚度约为1.5万光年，直径约为1.2万光年，该区域由高密度恒星组成，这些恒星大部分是年龄100亿年以上的红色恒星。

　　银盘边缘厚度约为3000～6000光年。银盘的物质主要是恒星，占银河系总质量不到10%的星际物质绝大部分也散布在银盘内。星际物质含有电离氢、分子氢及多种星际分子，还包括10%的星际尘埃。银盘外围是由稀疏的恒星和星际物质组成的球状体，称为银晕，银晕的直径约为9.8万光年。银晕外面是一个十分巨大的呈球状的射电辐射区，该辐射区称为银冕，银冕至少延伸到距银心32万光年的空间。

　　俯视银河系感觉它像一个巨大的漩涡，从里向外四条悬臂分别是半人马座旋臂、猎户座旋臂、英仙座旋臂、天鹅座

旋臂。银河系中心和4条旋臂都是恒星密集之地。银河系中的恒星差异很大。最大的恒星如放到太阳系的中心，其边缘会触及土星。最小的恒星比夏威夷岛还小。最老的恒星与银河系同龄，年轻的恒星有的正在银河系的旋臂"育儿室"中形成。银河系的控制范围超过百亿光年距离，周围至少有10个小星系围绕银河系运转，距离银河系近的星系有包含数十亿颗恒星的大麦哲伦星系和小麦哲伦星系。大麦哲伦星系距离银河系约16.3万光年，其规模约为银河系的10%，质量相当于银河系的1%；而小麦哲伦星系距离银河系约20万光年，质量不到大麦哲伦星系的70%。距离银河系中心89万光年远有一个由数百万颗恒星组成的矮星系。银河系在自转，同时也有相对于邻近的星系的运动。

银河系以外的星系称为河外星系。星系按照形状分为五大类：椭圆星系、螺旋星系、漩涡星系、星爆星系和不规则星系。银河系这样的螺旋星系是已知宇宙中的最常见的星系之一，最大的已知螺旋星系NGC6872跨度达52.2万光年，是银河系大小的5倍。迄今为止发现的最大的星系是Abell3827，这是一个距离我们14亿光年的星系团，由数百个星系构成，这些星系因自身引力聚集在一起，而不是靠外力聚集在一起。在它面前，银河系真的是太普通了。

2016年3月，天文学家观测到一种新类型星系，称为超级螺旋星系。超级螺旋星系体积和亮度均远超银河系。它的质量约是银河的10倍，比银河系亮14倍。超级螺旋星系通过模拟普通螺旋星系隐藏了起来，最新的一项研究基于美国航天局数据，发现超级螺旋星系距离地球非常遥远，是一个具有超大体积的螺旋星系。美国航天局天体物理学家帕特里克·奥格尔说："这是之前从未发现的一种螺旋星系，它非常明亮，质量和体积较大，它是已知最大、最明亮的星系。这就像是我们发现一种类似鲸鱼体形的海上新物种，而它们之前却被海洋学家所忽视。"这个最新的发现让银河系黯然失色，也让我们了解到有比银河系更大的星系。

四、太空：人类生命的禁区

人类一直以来就有遨游太空的梦想。在东西方的神话传说中，神仙都是生活在天上的。但是对人类来说，地球以外的太空环境是非常严酷的，微重力、高真空、高能粒子辐射等因素直接威胁人类的生存，在不采取特殊保护措施的情况下，人根本不能生存。

1.低温与高温

根据能量守恒原理，宇宙大爆炸以后不断扩张膨胀，温度也随之降低。尽管存在恒星向外辐射热能，但是恒星的数量有限，且其寿命也有限，所以宇宙的总体温度是逐渐下降的。经历了漫长的历史进程，太空现在已经成为高寒的环境。对宇宙大爆炸时遗留的宇宙微波背景辐射研究证明，没有太阳射线的区域其温度约为-273℃，已非常接近极限低温了（-273.15℃），但另外一个方面，暴露在太阳射线中时，物体的表面温度会超过100℃，甚至更高。

虽然空间环境非常寒冷，但由于太空中的分子很少，接近真空，所以它是一个良好的隔热体，对短时间暴露的人来说并不足以感受到"温度"的属性，既不"冷"，也不"热"。暴露在真空环境中的人热量不会在很短时间内从人体散开，只会因为体表水分蒸发而略微感到有一点冷，但不会冻起来或立即冻死。

2.高真空

宇宙爆炸学说认为，在宇宙大爆炸后，形成了氢和氦两种元素，其中氢占75%，氦占25%。之后，大部分的氢和氦逐渐凝聚成团，形成星系和恒星。恒星中心的氢和氦递次发生核聚变，生成氧、氮、碳等较重的元素。在恒星死亡时，剩下的大部分氢和氦以及氧、氮、碳等元素散布在太空中。其中最主要的仍然是氢，但非常稀薄，每立方米只有10个氢原子，在星际区中稍多一些，每立方米约10^6个氢原子，比人类在实验室中制造的最好的真空还要"空"几个数量级。而在地球大气层中，每立方米含有10^{12}个氮和氧分子。由此可见，太空是一个高真空环境。

真空环境下，由于人类皮肤组织的适应力，能够在短时间内维持一定体温及血液流动，由于皮肤及循环系统的保护功能，人体血液不会立即沸腾。

人体暴露于太空环境时，在15秒内，肺部的缺氧血会流入大脑，造成昏迷。而且在真空环境中，肺部的换气过程是相反的，肺会从身体各处细胞抽出氧气，加速缺氧现象；憋气会让身体内外压力不平衡，产生类似"减压病"的症状，甚至让肺爆裂。人会在外太空存活15～30秒，直到肺里的空气耗尽。

3.强辐射

在太空中，不仅有宇宙大爆炸时留下的射线，天体也向太空辐射各种电磁波，许多天体还向外辐射高能粒子，其中已知的有α、β、γ和X射线等。恒星都是巨大的热核反应堆，伴随着光和热向四周发散的都是强辐射。例如，银河系有银河宇宙线辐射。太阳系有太阳电磁辐射、太阳宇宙线辐射、太阳耀斑爆发时向外发射的高能粒子和由太阳日冕吹出的高能等离子体流等。许多天体都有磁场，磁场俘获上述高能带电粒子，形成辐射性很强的辐射带，在地球的上空，就有内外两个辐射带。由此可见，太空还是一个强辐射场环境。对我们人类生存的地球环境而言，强辐射主要来自带给我们光和热的太阳。

宇宙射线如若作用于人体，将使人体细胞中的原子产生电离效应，使机体分子、细胞、组织结构受到损害，失去原有的生理功能。如果超过人体耐受空间辐射剂量的上限，会影响人的消化系统，损伤视网膜神经和脑神经，引起呕吐甚至死亡。辐射对人体的损伤可分为急性损伤和慢性损伤两种。急性损伤是人体在短时间内受到大剂量辐射造成的，人会出现白细胞、血小板剧烈减少，并致人死亡；慢性损伤经过治疗和脱离辐射环境后，可以恢复健康。

4.微重力

微重力环境系统表现为重力作用于物体的效应降低，是太空飞行中最重要的环境特征。在地面生活环境中很难产生所谓的零重力环境，科学家用飞机作抛物线飞行，能产生大约1%的重力环境。而在绕地球运行的航天器上，可产生约百万分之一的重力环境。在米制单位中，百万分之一称为微，即10^{-6}，在此尺度的重力环境就称为微重力环境。

微重力环境下，由于缺乏重力向下吸引，全身的体液开始向上半身和头部转移。人体会出现颈部静脉鼓胀，鼻腔和鼻窦充血。而体液的转移会使人出现血浆容积减少，血液浓缩，导致贫血。微重力环境对于人体肌肉、骨骼也会产生影响。在地面重力作用下，肌肉的主要功能是保持身体直立姿势和身体活动。在微重力状态下，肌肉对抗重力以保持身体直立的功能消失，由于没有这项功能，这部分肌肉就会逐渐萎缩。同时，骨骼也会发生变化，大量脱钙。这种情况一方面容易引起骨折，另一方面会使体液中钙的含量增高，继而引发肾结石。

微重力环境还会使航天员产生头晕、目眩、恶心、困倦等症状，这种症状被称为航天运动病。

5.高速运动的尘埃、微流星体和流动星体

太空环境中高速运动的微小物体也具有极大的动能，1毫克的微流星体可以穿透3毫米厚的铝板。

原始的太空环境中存在许多微星体和陨石，随着各类航天器的升空，太空垃圾已经形成一种巨大的威胁。这些快速运动的危险物体最主要的就是空间碎片和微流星。空间碎片包括废弃了的火箭、卫星、卫星的整流罩、火箭推进剂贮箱，还有各种散落的物质，如火箭燃料剩余的液滴、核动力源的冷却液、载人航天活动中航天员掉落的工具、废弃物以及航天器表面涂层老化掉下来的油漆斑块等，还有火箭和航天器爆炸、碰撞过程中产生的碎片。

这些碎片的大部分仍然留在地球周围。它们和陨石的最大特点是以超出音速几倍的速度飞行。一块直径1毫米碎片的撞击，就足以使航天器瘫痪，也能击穿航天员的航天服，危及航天员的生命。一块直径3毫米碎片的能量，相当于一颗手榴弹爆炸所产生的威力，而一块直径1厘米大碎片的能量，则相当于一辆时速为100千米的小汽车，足以把卫星撞毁。如果是直径10厘米的碎片将可能击毁整个航天飞船。尽管这种碰撞事件的概率很低，但是一旦发生，后果可能是致命的，因此太空是一个十分危险的环境。

五、太空中的星体是如何运动的？

仰望星空，群星闪烁，浩瀚广阔的宇宙隐藏着无数的秘密，激起人们的无限遐想。宇宙是什么时候产生的呢？又是谁在掌控宇宙星辰的运转？

人们在对天象长期观测的过程中，发现了天体运动现象。通过对天体运动规律的研究，深化了对宇宙结构和演化历史的认识。今天宇宙大爆炸理论已经成为人们所普遍接受的有关宇宙起源的理论。天文学家们认为，宇宙大爆炸为天体运动提供了原动力，而不同的天体系统又是在原动力和引力场的作用下，按照一定的轨道进行着公转和自转运动。

德国天文学家开普勒提出了天体运动三定律，最早开始揭示天体运动的基本规律。1609年，开普勒出版了《新天文学》，发表了关于行星运动的两条定律。1618年，他又发现了第三条定律。开普勒认为地球是不断运动的，行星的运动轨道并不是正圆形的，而是围绕恒星遵循着椭圆形的轨道进行公转，同时行星公转的速度也并不是恒定的。开普勒的天体运动理论极大地挑战了中世纪时期基督教坚守的经院派理论，为现代天文学理论的建立奠定了基础。

开普勒第一定律对行星运动的轨迹进行了描述，指出太阳系所有行星都是围绕太阳运动的，行星运动的轨迹为椭圆形，太阳处在椭圆的一个焦点上。而行星的卫星运动轨迹也符合这一定律。

开普勒

开普勒第二定律则揭示了行星在轨道上的运行速度与行星太阳之间距离的关系，指出对任意一个行星来说，它与太阳的连线在相等时间内扫过的面积相等。由此定律可知，行星离太阳越近时，其运行速度越大，反之，则运行速度越小。同样的规律适用于绕行星运行的卫星，如月球运行过程中，当距地球越近时则运行速度越快，反之，则运行速度越慢。

开普勒第三定律则进一步揭示了行星公转周期与其轨迹长轴之间的定量关系，指出所有行星绕太阳一周的恒星时间的平方与它们轨道长半轴的立方成比例。

开普勒天体运动定律在人类历史上第一次揭示了天体运动的规律性，使人们对行星运动的认识得到了明晰概念，并为后来牛顿经典物理学体系的创立提供了启示。1687年，牛顿在《自然哲学的数学原理》一书中发表了对后世科学发展具有极大影响的万有引力定律。

万有引力定律是17世纪自然科学最伟大的成果之一。它把地面上的物体运动规律和天体运动规律统一起来，第一次揭示了自然界中物体间普遍存在的一种基本相互作用规律，对天文学的发展起到了巨大的推动作用，使人们对宇宙运动的认识上升到了科学的高度。

六、独特的太空空间资源

人类向太空的探索和拓展源于人类的求知欲望，而探索太空的活动也对人类的发展产生了深远影响，不仅改变了人类发展的未来走向，甚至决定了人类是否还有未来。

许多人或许还没有意识到，太空将逐步成为人类赖以生存的巨大资源宝库。目前科学家已经发现许多小行星富含铁、金和铂，在类木行星和彗星上有丰富的氢能资源，在月球上有大量的铝、镁和硅，还可能在月球上提取可用作安全核聚变发电的核燃料，还可以从彗星或巨大行星的卫星中获取大量的水。然而，当人类真正进入地球轨道和外层空间后发现，太空资源不仅仅是传统意义上的矿产资源，太空中独特的环境，如太空高远的位置、空间微重力环境、强宇宙粒子射线辐射和高真空环境等，都是地面所不具备的太空空间资源。

1.高度资源

众所周知，站得高才能看得远。唐代诗人王之涣在《登鹳雀楼》一诗中就曾做过形象的描述："欲穷千里目，更上一层楼。"地球飞行器的空间轨道高度超出了大气层，远离地表，这就使科学家可以通过选择不同的卫星轨道从不同高度、不同角度俯视地球，而与地球同步、与太阳同步的飞行轨道具有更加特殊的意义。因此，科学家们可以设计各种类型的航天器以开发利用太空轨道资源。

将地面上无线电基站以通信卫星的形式发射到地球轨道上，使通信讯号传输可以不受建筑物和高山的阻隔，极大地提高了信号的覆盖面积、传输距离和传输质量，增强了抗干扰性，同时也减少了基站数量和建站费用。在地球赤道上空，距离地球表面35786千米的卫星轨道相对面面是静止的，这条同步轨道叫地球静止轨道。在地球静止轨道上等距离布置3颗卫星，就可以将地面上发出的无线电信号发送到地球除南北极少数地区以外的任意一个角落，使全球通信技术发生质的飞跃。

将地理、气象、环境等领域的观测平台以遥感卫星的形式放置在地球轨道上，可以极大地提高观测范围和观测密度，而且具有时效快、连续性好等优点。地面接到太空发回的图像后，研究人员便可以根据图像信息进行分析，对气象预报、资源管理和开发、海洋资源利用等发挥巨大的作用。

将导航卫星设置在太空的基准点，可以克服地面无线电导航台存在的信号传播距离有限等一系列缺点，是目前最先进的导航技术。

天文卫星

在太空设置天文观测点，不仅可以观测地球，还可以不受大气层影响观测其他天体活动，天文卫星、太空望远镜都是理想的天文台。

2.失重资源

航天器在太空中沿轨道环绕地球运动所产生的离心力和地球引力达到平衡而处于失重状态。在地面上利用飞机做抛物线运动可以得到的最小重力加速度为0.01克。太空环境的微重力可以使重力加速度最小达到10^{-6}克。太空的微重力是一种独特宝贵的资源，利用太空的微重力环境，将推动流体力学、材料科学和生物技术的发展，可以进行地面上难以实施的科学实验、新材料加工和药物制取等，对材料、制药、农业和电子

失重

等具有巨大的开发价值。

　　滚动轴承是一种非常普遍且重要的工业零件，是许多机械中不可缺少的组成部分。一些高精密度的仪器，对滚动轴承中滚珠的圆度要求非常高。这些特殊精度要求使滚珠制作起来极其困难。滚珠在地面上的生产过程要经过锻造、轧机、冲模、切削和研磨等多道加工工序，而且很难保证滚珠的圆度，因而影响轴承的精密度。而在太空环境中，由于处于微重力状态下的熔化金属不会产生地面上常见的重力引起的变形，在表面张力作用下熔化的金属可以自然地收缩成理想的球体，因而可以轻易地制造出100%圆度的滚珠。此外，在加压下将气体注入液态金属的液滴中，就像吹肥皂泡那样将其吹胀，待液态金属冷凝后可以获得比实心球体更加坚固耐用的空心球体。经测试，使用空心球体作为滚珠的轴承比以实心球体做滚珠的轴承寿命长4~7倍。

　　在太空微重力环境下，由于没有重力作用，液滴更容易悬浮，冶炼金属时可以不使用容器，采用悬浮冶炼。悬浮冶炼解决了冶炼温度受容器耐温水平限制的难题，可以进行极高熔点金属的冶炼，并避免容器壁的污染和非均匀成核结晶，改变了金属的晶相组织，提高了金属的强度。

在太空微重力环境下，气体与熔化的物体间无热对流现象，避免了不同密度物质的分层和沉积，可以生产出纯度极高的化学物质，如生物制剂、特效药品以及结构均匀的金属基质复合材料、玻璃和陶瓷等。

在太空中的航天器里的物体可以悬浮在空中。密度不同的液体受热后可在一起和平共处，科学家就可以利用这一特点进行新材料的加工，还可以进行细胞、蛋白质晶体的培养。

3.太阳能资源

地球轨道上的太阳辐射密度每平方米达到1.4千瓦，是地面上的两倍。宇宙高能重粒子由于大气阻尼和吸收，很难到达地面，而在太空中则不受大气层的影响，其宇宙辐射强度也远大于地面。因此，在太空中可以更加充分地利用太阳能资源。在太空中的太阳能电池板不受大气层的阻隔，没有干扰，接受太阳光的强度是地球上的8～10倍，而且不受昼夜周期的影响可以24小时持续不断地接收阳光，解决了地面太阳能发电间断和稳定性差的问题。

1968年，Peter Glaser首次提出太阳能发电卫星的概念。

太阳能发电

他提出以大型天线（大至平方千米级数），将卫星接收的太阳能转换为微波，由太空轨道传送至地球表面的接收天线。

另一种太阳能的利用形式是建造人造小月亮和人造小太阳，为城市和野外作业照明，延长高寒地区的无霜期，保证农业丰产丰收。

2008年，我国空间太阳能电站研发工作纳入国家先期研究规划，此后，国内参与空间太阳能电站项目的研发团队不断增加。

中国空间技术研究院钱学森空间技术实验室研究团队通过多方调研论证，聚焦非聚光型和二次对称聚光型空间太阳能电站研究，提出了创新的多旋转关节空间太阳能电站方案。该方案获2015年世界太阳能卫星设计竞赛第一名。

国家有关部门对空间太阳能电站相关的总体和关键技术研究工作给予了积极支持，目前我国在总体规划、总体概念方案、微波无线能量传输技术等方面均取得了一定的成果，并带动了大型空间结构、空间薄膜太阳能发电技术的发展。

2018年在重庆启动了空间太阳能电站实验基地项目，预计在2021年至2025年建设中小规模平流层太阳能电站并实现并网发电，2025年后可开始进行大规模空间太阳能电站系统的相关工作。空间太阳能电站是一项巨大的系统工程，涉及众多重要技术领域，例如空间运输、姿态控制、微波技术、能量传输等。为保证技术可靠性，每一个关键技术都需要进行安全、有效、可靠的模拟验证，实验基地将在模拟验证和演示中发挥重要作用。

当前，我国对空间太阳能电站的研究初步实现了从"跟跑"

到"并跑"的转变。我国的科技工作者已提出实现我国空间太阳能电站目标的技术路线图：2030年后建设兆瓦级空间太阳能试验电站，2050年后建设吉瓦级商业空间太阳能电站。作为国际上推动空间太阳能电站发展的重要力量，我国在空间太阳能电站方面的研究已进入世界前列，且有望成为世界首个建成具有实用价值空间太阳能电站的国家。

4.高真空资源

太空距离$200\sim500$千米的低轨道位置的真空度为10^{-4}帕，而在35800千米的地球同步轨道上则为10^{-11}帕的高真空度。宇宙飞行器之所以能够在太空长时间的高速飞行就是由于太空中的真空环境。

太空真空环境不仅纯净无污染，而且空间极大，是

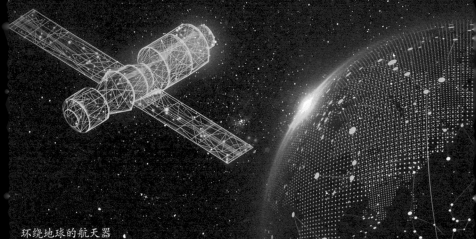

环绕地球的航天器

地面人为的真空条件无法比拟的。由于太空高度真空，没有空气、灰尘，因此，可以进行高纯度、高质量的冶炼、焊接，还能分离出一些地球上无法分离出的元素。

太空真空环境的一个重要应用就是太空制药。空间制药是空间材料加工最容易获得经济效益的产业之一，而且是对人类最有现实意义的产业之一。在太空特殊的真高空环境下，可以高效率地生产出许多地面上难以生产或难以大规模生产的昂贵药物。

受地球环境的影响，在地面上很难获得大范围的高真空环境，因此在地球上生产药物，尽管采取了各种预防措施，还是难以避免微生物、有害气体以及尘埃的污染。太空高真空环境是一个无菌、高洁净的空间，在太空中生产药品可以有效地避免污染，使药效得到更好的发挥。

太空制药的最重要意义还不在于此，而是在于药品的高度提纯。现代制造高纯度特效药品一般方法是电泳法。电泳法是将含有生物物质的溶液，通过两片带电的极板之间的槽，由于不同的生物物质在溶液中所带的电荷不同，在电场的作用下，不同物质沿着不同的路线流动，可以将细胞、酶或干扰素等不同的生物物质进行分离。在地面上虽然也可以利用超高真空来制取少量的高纯度药物，但产量很低，成本极高，所以价格昂贵，而且生产出来的提纯药品质量也不是很稳定，难以保证药效。

在太空高真空环境下，用电泳法提纯药物不受干扰，可以顺利分离生物中的各种有效物质。与地面相比，在太空提纯同一种药物，其提纯速度可以提高400～800倍，纯度提高5倍。太空药品纯度和产量的提高，可大幅度降低提纯药品的成本，为患者增加福祉。

载人飞船

七、往返天地间的宇宙飞船

20世纪以前，人类对太空的研究主要是通过地面观测和计算完成的。20世纪后半期，随着科学技术的发展，人类已经不满足于地面观测，渴望将人送入太空，实际了解和体验太空环境。载人飞船就是将航天员从地面送入太空并安全带回的交通工具，可以称得上是往返太空和地面的特快专列。

载人飞船又称宇宙飞船，是将航天员运往太空，保障航天员在外层空间短期生活和工作以执行航天任务，最后将航天员送返地面的航天器。载人飞船可以运载航天员独立进行航天活动，也可用作往返于地面和空间站之间的"渡船"，还可以与空间站或其他航天器对接后进行联合飞行。

载人飞船容积一般比较小，搭载的消耗性物质较少，且不具备再补给的能力，因而不能重复使用。

1961年4月12日，世界上第一艘载人飞船——"东方号"首次将航天员送入地球轨道，在绕地球飞行一圈后安全返回地面。这次飞行开创了人类航天的新纪元。此后的半个多世纪以来，人类实施了一个又一个载人航天计划，为发展载人航天技术，投入了巨大的人力和物力。发展载人航天技术，不仅是为了探测太空资源，而且对推动各国的经济、科学与国防建设均有重要作用。

1.苏联及俄罗斯的载人飞船

从1961年4月至1963年6月，苏联共发射6艘"东方号"飞船，用于单艘和编队载人飞行。"东方号"飞船由球形密封座舱和圆柱形仪器舱组成，重约4.73吨。球形座舱直径2.3米，能乘坐1名航天员，舱壁上有3个舷窗。舱外表面覆盖一层防热材料。座舱内有可供飞行10昼夜的生命保障系统、弹射座椅和无线电、光学、导航等仪器设备。仪器舱位于座舱后面，舱内装有化学电池、返回反推火箭和其他辅助设备。"东方号"飞船在返回前抛掉末级运载火箭和仪器舱，座舱单独再入大气层。当座舱下降到离地面约7千米高度时，航天员弹出飞船座舱，然后用降落伞单独着陆。"东方号"飞船飞行轨道的近地点约为180千米，远地点为222～327千米，倾角约65°，周期约89分钟，既可自动控制，也可由航天员手控。

1964年到1965年间，苏联发射了2艘"上升号"载人飞船，这是苏联第二代载人飞船。受当时美苏太空竞赛的政治因素影响，为短期内实现多人飞行，"上升号"飞船是在"东方号"飞船的基础上加以改进完成的。"上升号"飞船在座舱外增设了气密过渡舱或称闸门舱，以便进行舱外活动。由于航天员增至2~3人，从容积上考虑，取消了座舱内的弹射座椅，而用普通座椅代替。此外，还增加了着陆火箭，用于着陆时进一步降低飞船速度。

"联盟号"飞船是苏联的第三代载人飞船。从1967年到1981年，"联盟号"飞船共发射了40艘。"联盟"1~10号，每艘载1~3人，发射入地球轨道。其余30次飞行大部分是"联盟号"太空舱与在轨道上的"礼炮号"太空站相连。"联盟号"至今仍在使用。2018年12月3日，载有3名航天员的"联盟号"成功在哈萨克斯坦拜科努尔航天发射场升空，将3名航天员送往国际空间站。"联盟号"改进型号众多，其衍生出的航天器包括"探测器号"、"联盟号"T、"联盟号"TM、"联盟号"TMA、"联盟号"MS及"进步号"货运飞船等。

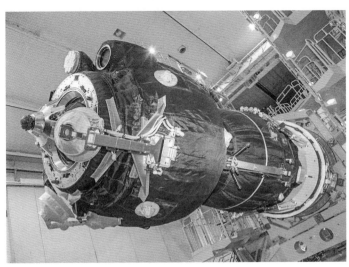

"联盟号"载人飞船

太空，我来了

2.美国的载人航天器

美国的载人飞船大致有5种，分别是"水星号""双子星座"和"阿波罗"飞船、新一代载人飞船"猎户座"以及在民用航天领域独占鳌头的"龙飞船"。此外在阿波罗计划终止后，美国还研制出航天飞机代替载人飞船。

"水星号"飞船是美国的第一代载人飞船，从1961年到1963年间总共进行了25次飞行试验，其中6次是载人飞行试验。"水星号"飞船由圆台形座舱和圆柱形伞舱组成，总长约2.9米，最大直径1.8米，重约1.3～1.8吨。

在发射时，"水星号"飞船的顶端有一个高约5米的救生塔，可用于航天员逃逸。座舱可乘坐一名航天员，设计最长飞行时间为2天。飞行过程中，航天员躺在特制的座椅上，通过飞船舷窗、潜望镜和显示器观测地球。设计者在座舱外面大钝头处覆盖了一层很厚的防热材料。飞船返回前点燃制动火箭，然后抛弃制动火箭组合件，再入大气层，下降到低空时打开降落伞，航天员与飞船一起降落在海上，由直升机和打捞船回收。航天员在轨道飞行中通过舷窗观测地平线和天体，可使飞船正确定位，从而可取消座舱中笨重的潜望镜，使飞船作漂移式飞行以节省燃料。

"双子星座"载人飞船是简单的"水星"飞船和复杂的"阿波罗"飞船之间的桥梁。该计划始于1961年11月，结束于1966年11月，历时5年，共耗资12.834亿美元，进行了12次飞行，其中2次为无人飞行，10次为载人飞行。"双子星座"飞船由座舱和服务舱组成，形状与"水星号"飞船相似，呈长圆锥形，高为5.6米，最大直径3.1米，质量约3.2～3.8吨，其中包括2名航天员144千克的体重和426千克座椅的质

"联盟号"载人飞船

"阿波罗"飞船

量。舱内用纯氧,压力340百帕。从第5艘到第12艘飞船都使用了燃料电池,这种电池结构较简单、紧凑,能耐冲击和振动,体积小、质量轻、比功率高。飞船还采用弹射座椅作为紧急救生手段,它在发射阶段和着陆阶段为航天员提供了一种救生方式。"双子星座"载人飞船的主要目的是试验轨道机动、交会和对接能力以及实现航天员在轨出舱,为"阿波罗"飞船载人登月飞行做了准备。

"阿波罗"飞船是美国的第三代载人宇宙飞船系列。1966年至1972年共发射17艘:1～3号为模拟飞船,4～6号为不载人飞船,7～10号为绕地球或月球轨道飞行的载人飞船,11～17号为载人登月飞船。"阿波罗"11号飞船于1969年7月20日到21日首次实现人类登上月球的理想。

"阿波罗"飞船由指挥舱、服务舱和登月舱三个部分组成。指挥舱为圆锥形,高3.2米,重约6吨,是飞船的控制中心，也是航天员生活和工作的地方。指挥舱又分为前舱、航天员舱和后舱三部分。前舱内安装着陆部件、回收设备和姿态控制发动机等。航天员舱是密封舱，储备有供航天员生活14天的必需品和救生设备。后舱内装有10台姿态控制发动机，还有姿态控制、制导导航系统以及船载计算机和无线电分系统等。服务舱舱体为圆筒形，高6.7米，直径4米，重约25吨，前端与指挥舱对接，后端有推进系统主发动机喷管。主发动机用于轨道转移和变轨机动。姿态控制系统由16台火箭发动机构成，它们还用于飞船与第三级火箭分离、登月舱与指挥舱对接和指挥舱与服务舱分离等。

　　登月舱地面起飞时重14.7吨，宽4.3米，最大高度约7米，由下降级和上升级组成。下降级由着陆发动机、4条着陆腿和4个仪器舱组成。上升级为登月舱主体。航天员完成月面活动后驾驶上升级返回环月轨道与指挥舱会合。上升级由航天员座舱、返回发动机、推进剂贮箱、仪器舱和控制系统组成。航天员座舱可容纳2名航天员（但无座椅），有导航、控制、通信、生命保障和电源等设备。

　　"阿波罗"登月计划结束后，美国国家航空航天局认为需要建设一种可重复使用的航天运载工具，在此背景下，航天飞机应运而生。航天飞机是一种载人往返于近地轨道和地面间的有人驾驶、可重复使用的运载工具。它既能像运载火箭那样垂直起飞，又能像飞机那样在返回大气层后在机场着陆。美国著名的航天飞机有哥伦比亚号、挑战者号、发现号、亚特兰蒂斯号和奋进号。2010年,国际空间站基本建成后,美国决定放弃航天飞机计划,这是由于航天飞机过低的安全系数和过高的运营成本,而且老化速度远超预期等因素所致。

"猎户座"飞船是美国国家航空航天局的"星座计划"的一个关键组成部分。"猎户座"是天空中最明亮的星座之一,很容易被人们辨认。美国国家航空航天

航天飞机

局把新一代飞船取名为"猎户座"，就是希望"猎户座"飞船日后也能成为最亮的明星，为航天业做出巨大贡献。"猎户座"可同时向国际空间站输送6名航天员，并能够同时向月球输送4名航天员。北京时间2014年12月6日20点5分，"猎户座"太空飞船在美国佛罗里达州卡纳维拉尔角基地发射升空。北京时间2019年7月2日19点，美国的"猎户座"飞船成功进行了发射中止测试，当飞船发射到距离地面约9600多米的高空时，触发中止程序，中止发动机工作，然后乘员舱与火箭分离，最终在姿态控制发动机的帮助下，乘员舱安全落入大西洋，整个测试过程大约历时3分钟。

"猎户座"飞船是美国的新一代载人飞船，其携带的计算机每秒可处理4.8亿条指令，计算能力是国际空间站上计算机的25倍，航天飞机上计算机的400倍，更是"阿波罗"飞船上计算机的4000倍。

"龙"飞船的名字来自于美国民谣歌曲《神龙帕夫》。"龙"飞船由美国太空探索技术（Space X）公司牵头研发，是世界上第一艘由私人公司研发的航天飞船。第一代货运"龙"飞船于2010年12月8日试飞成功，2012年5月22日正式发射成功，2012年10月7日首次向国际空间站运送重达

"猎户座"飞船

"龙"飞船

455千克的货物。2013年3月3日，在成功排除推进器故障之后，美国Space X公司的"龙"飞船与国际空间站进行了对接。2019年3月2日2时49分，载人"龙"飞船搭乘"猎鹰9号"火箭从美国佛罗里达州肯尼迪航天中心39A发射台升空，大约11分钟后，飞船与火箭顺利分离，3月3日，Space X载人"龙"飞船成功与国际空间站进行对接。"龙"飞船采用7人座和宽货舱设计，3个窗户，整体外形呈"子弹"状，高约6.1米，直径约3.7米。

3.中国的载人飞船

"神舟"飞船是中国自主研制，具有完全自主知识产权的载人飞船，其性能技术指标达到或优于国际第三代载人飞船。

"神舟"飞船结构分为轨道舱、返回舱、推进舱和附加段四部分。"神舟"飞船的轨道舱是一个圆柱体，总长度为2.8米，最大直径2.27米，一端与返回舱相通，另一端与空间对接机构连接。轨道舱集工作、吃饭、睡觉和清洁等诸多功能于一体。为使轨道舱

"神舟一号"飞船

在独自飞行的阶段可以获得电力，在其两侧安装了太阳能电池板翼，可为轨道舱在独自飞行阶段提供0.5千瓦以上的电力。轨道舱尾部安装4组小推进发动机，为飞船提供辅助推力，并使轨道舱与返回舱分离后具有了继续保持轨道运动的能力。轨道舱靠近返回舱部分设计有一个最大直径65厘米的圆形舱门，为航天员从返回舱进出轨道舱提供了通道。

返回舱长2.00米，直径2.40米（不包括防热层），呈钟形，是航天员往返太空时乘坐的座舱，为密闭结构，前端舱门与轨道舱连通。

返回舱是飞船的指挥控制中心，供航天员起飞、上升和返回阶段乘坐。返回舱内部有3个座椅可供航天员斜躺，座椅前下方是仪表板、手控操纵手柄和光学瞄准镜等。航天员通过仪表板显示的飞船各系统设备状况对飞船状态进行监控，以便在必要时调控飞船上的

设备工作状态。返回舱是密闭的舱段，内有环境控制和生命保障系统，确保航天员在整个飞行任务过程中的生命安全。

推进舱长3.05米，前端直径2.50米，底部直径2.80米，呈圆柱形。其推进系统为飞船提供调整姿态和变轨以及制动减速所需要的动力。推进舱还包括电源、环境控制和通信等系统的部分设备，并为航天员提供氧气和水。推进舱两侧各有一对太阳翼，和轨道舱的太阳翼共同产生1.5千瓦以上的电力，这比俄罗斯的"联盟号"飞船高出两倍。

推进舱的尾部是飞船的推进系统。推进舱的底部正中是主推进系统的4个大型主发动机。推进舱侧裙内四周布置有4对纠正姿态用的小推进器，推进舱侧裙外安装具有辅助作用的小型推进器。

附加段也称过渡段，是为与另一艘飞船或与空间站交会对接做的准备。在载人飞行及交会对接前，也可以安装各种仪器用于空间探测。

中国的载人航天起步较晚但发展迅速。

1992年9月21日，经中央审议批准，我国开展载人航天工程（代号921工程）的研制工作。

航天员杨利伟（中国空间技术研究院）

1999年11月20日，"神舟一号"飞船顺利发射升空，标志着我国载人航天技术获得了重大突破，为实施载人航天工程后续任务奠定了重要基础。

2003年10月15日，"神舟五号"飞船顺利将航天员杨利伟送入地球轨道，标志着我国成为世界上第三个独立掌握载人航天技术的国家，是中国航天史上的里程碑事件。

2005年10月12日，费俊龙、聂海胜两名航天员乘坐"神舟六号"飞船入轨，标志着我国掌握了载人飞船"多人多天"在轨飞行关键技术。

2008年9月25日，翟志刚、刘伯明、景海鹏三名航天员搭乘"神舟七号"飞船完成了我国首次空间出舱活动，是我国载人航天事业发展史上的又一重要里程碑。

2011年11月1日，"神舟八号"飞船发射入轨，11月3日和11月14日，"神舟八号"飞船和"天宫一号"目标飞行器先后进行了两次空间交会对接试验，取得了圆满成功，标志着中国全面掌握了空间交会对接技术。

2012年6月16日，"神舟九号"飞船搭载景海鹏、刘旺、刘洋三名航天员升空，6月18日与"天宫一号"目标飞行器成功对接，将中国载人航天与空间站建设向前推进了一大步。

2013年6月11日，聂海胜、张晓光、王亚平三名航天员搭乘"神舟十号"飞船入轨；6月13日，"神舟十号"飞船与"天宫一号"目标飞行器成功实现自动交会对接，完成了载人天地往返运输系统的首次应用性飞行。

2016年10月17日，景海鹏、陈冬两名航天员搭乘"神舟十一号"飞船发射升空。飞船入轨两天后与"天宫二号"空间实验室对接成功，11月18日，"神舟十一号"飞船返回舱顺利降落在内蒙古中部主着陆场，完成为期长达33天的飞行任务，为我国建造载人空间站提供了技术验证。

八、近地轨道上的载人空间站

太空环境并不具备人类生存和活动的条件，虽然借助载人航天器，航天员可以在太空中短期驻留，但是受航天器空间大小限制以及航天器安全返回的要求，航天员在载人航天器中的驻留时间也不可能过长。为了方便航天员在太空中驻留，进行长期的观测和科学试验，科学家们在地球近地轨道上建设了载人空间站，为航天员长期生活、开展科学试验提供了条件。因此，空间站也可以称为航天员在太空中的"安全屋"。

空间站又称太空站、航天站，是一种在绕地球轨道长期运行、具有一定科技试验能力和生产能力的可供航天员居住的航天器。空间站具备保证航天员生活的一切设施。从发展程度来看，可以分为试验性空间站、简易空间站和永久性载人空间站。从结构组成上划分，空间站可分为单模块空间站和多模块空间站。单模块空间站可由航天运载器一次发射入轨，多模块空间站则由航天运载器分批将各模块送入轨道，在太空中将各模块组装而成。空间站不具备返回地球的能力。

20世纪70年代，苏联将建造空间站作为其载人航天的重点工程，开启了载人航天空间站建设的历史。

1. "礼炮号"系列空间站

1971年4月19日，苏联发射了世界上第一个空间站"礼炮1号"。"礼炮1号"空间站由轨道舱、服务舱和对接舱组成，全长12.5米，最大直径4米，全重18.5吨，可容纳6名航天员。"礼炮1号"空间站在太空运行了175天。其后，苏联又陆续发射

"礼炮7号"空间站

了6个"礼炮号"空间站。"礼炮号"空间站的任务是开展天体物理学、航天医学、航天生物学等领域的科学研究，考察地球自然资源和进行长期失重条件下的技术实验。

7个"礼炮号"空间站可分为试验型和简易型两种类型。"礼炮1号"至"礼炮5号"为试验型空间站，也是苏联的第一代空间站。这一代空间站仅设计有一个对接口。"礼炮6号"和"礼炮7号"为简易型空间站，也是苏联的第二代空间站，相比第一代空间站增加了一个对接装置，以保障"进步号"飞船的及时补给，同时改进了发动机系统和推进剂供应系统，具备了定期向推进剂箱补给推进剂的能力。

2.“和平号”空间站

1986年2月20日，苏联发射了“和平号”空间站的首个模块。“和平号”是苏联的第三代空间站，为复合体试验基地，也是多模块空间站，采用积木式结构，在首次发射后的10年间陆续对接了5个模块。

“和平号”空间站首次发射入轨部分长135米，最大直径415米，有效容积达90立方米，质量20吨，2块太阳能帆板总面积102平方米，预留6个对接舱口与专用舱和飞船对接。“和平号”空间站可对接的大型对接舱直径4.15米，容积50立方米，质量为20吨。对接的不返回的大型对接舱，长度为6.5米；而返回的大型对接舱，长度为13米左右，并拥有太阳能电池帆板2块，面积40平方米，输出功率3千瓦。对接的小型对接舱，长度7米，最大直径2.7米，有效容积10立方米，质量为7吨。另外可对接的飞船是“联盟号”TM客运飞船和“进步号”货运飞船。1996年，“和平号”空间站各模块全部组装完成，完整的“和平号”空间站全长87米，质量达123吨，有效容积470立方米。“和平号”空间站内部的空气和地球上的大气组分差不多，气温终年保持在20℃。

“和平号”空间站的设计寿命为5年，实际在轨使用15年，大幅超出了预期。“和平号”空间站服役期间共绕地球飞行了8万多圈，行程35亿千米，共有31艘“联盟号”载人飞船、62艘“进步号”货运飞船与其实现对接。先后有28个长期考察组和16个短期考察组在“和平号”空间站上从事过科研活动，共有俄罗斯、美国、加拿大、英国、法国、德国、日本、叙利亚、保加利亚、阿富汗、奥地利、斯洛伐克等12个国家的135名航天员在上面工作过。航天员共进行

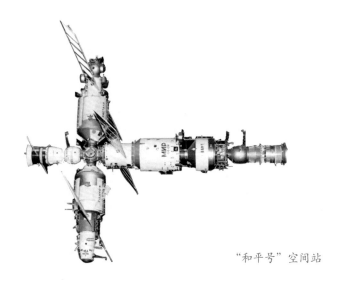

"和平号"空间站

了1.65万次科学实验，完成了23项国际科学考察计划，在空间站上进行了78次太空行走，舱外空间停留总时长达359小时12分钟。

2001年，"和平号"空间站完成了它的使命，受控再入大气层烧毁。

3.天空实验室

1973年5月14号，美国发射了第一个空间站——天空实验室。

天空实验室全长36米，最大直径6.7米，总重77.5吨，由轨道舱、过渡舱和对接舱组成，可提供360立方米的工作场所。天空实验室在435千米高的近圆空间轨道上运行，内部温度15.6～20℃，为航天员提供舒适的环境。飞行期间，航天员进行了270多项生物医学、空间物理、天文观测、资源勘探和工艺技术等试验，拍摄了大量的太阳活动照片和地球表面照片，并研究了人在空间活动的各种现象。

天空实验室在轨运行共 2 246 天，绕地球 3.498 1 万圈，航程达 14 亿多千米。1979 年 7 月 11 日，天空实验室接到最后一条指令，穿过大气层，化成无数碎片坠落在澳大利亚西部地区和南印度洋上。

天空实验室

4.国际空间站

国际空间站简称ISS，是一个运行于距离地面 400 千米的地球轨道上的航天器。国际空间站由美国国家航空航天局、俄罗斯联邦航天局、日本宇宙航空研究开发机构、加拿大太空局和欧洲航天局等共同建造。

1983 年，美国出于军事目的，提出

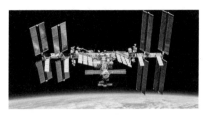

国际空间站

了建造空间站的想法。受当时财力和技术水平限制，美国无法独立建造。后来，俄罗斯、加拿大、丹麦、法国、德国、意大利、挪威、西班牙、瑞典、日本和巴西等 16 个国家参与国际空间站计划，一起成为国际空间站的初创国。

1993 年，国际空间站设计完成并开始建造。1998 年 11 月 20 日，国际空间站第一个组件——"曙光号"多功能货舱发射入轨。2000 年 7 月 12 日，核心组件——"星辰号"服务舱发射入轨。2001 年 4 月 23 日，加拿大制造的遥操作机械臂与国际空间站顺利对接。2011 年"发现号"航天飞机将最后一个模块——多用途增压舱送入轨道，国际空间站建造全部完成。完整的国际空间站长 108.5 米，宽 72.8 米，高 20 米，内部空间 1 200 立方米，最大定员 6 人，大致相当于一个足球场那么大，总质量达 420 余吨，是有史以来规模最庞大、设施最先进的"人造天宫"。它以每小时28000千米的速度在太空中飞驰，每90分钟就绕地球一圈。

国际空间站大型部件主要有18个，其中包括1个服务舱（星辰号）、3个实验舱（命运号、哥伦布号、希望号）、3个移动维修平台（加拿大臂、机械臂、特色微动作机械手）、1个穹顶舱以及最大主体结构——分段对接的空间站桁架和太阳能电池板等。

国际空间站原计划使用寿命到2024年，但根据美国、俄罗斯、欧盟、日本和加拿大等最新协商决定，计划延长使用寿命到2028年。

5.中国空间站

在国际空间站建造之初，中国就多次表示希望加入进来。甚至在"天宫一号"发射前两年依然积极谋求与国际空间站的合作。在俄罗斯和欧盟基本同意的情况下，美国依然以"防止太空技术大规模扩散"为借口拒绝中国加入。而当时国际空间站已经有约30个签约国家，甚至包括南非、哈萨克斯坦等国家，这是美国针对中国的赤裸裸的技术封锁。

在此背景下，中国航天人坚持自力更生、艰苦创业，稳步开展技术研发，扎实推进建设进程，经"天宫一号"目标飞行器、"天宫二号"空间实验室，预计到2022年将建成自己的空间站。到国际空间站退役后，中国也许将成为唯一拥有空间站的国家。

2011年9月29日，"天宫一号"在酒泉发射升空。"天宫一号"由实验舱和资源舱构成，全长10.4米，最大直径3.35米，重8.5吨，是我国自主研制的第一个目标飞行器和载人空间平台。

2011年11月3日和15日，"天宫一号"和"神舟八号"两次完成对接，标志着我国已掌握了交会对接技术。2012年6月18日，"天宫一号"与"神舟九号"成功对接，航天员景海鹏、刘旺和我国首位进入太空的女航天员刘洋入住"天宫一号"，对"天宫一号"的工作、生

天宫一号

活环境以及它与"神舟九号"组合体的载人环境进行了全面验证。2013年6月13日，搭载航天员聂海胜、张晓光和王亚平的"神舟十号"与"天宫一号"成功对接，女航天员王亚平还在"天宫一号"上为全国的青少年上了一堂精彩的"太空第一课"。

"天宫一号"在轨时间约6年5个月，远远超过了两年的设计寿命。2018年4月2日，"天宫一号"目标飞行器再入大气层，圆满完成了自己的任务使命。

"天宫二号"是我国继"天宫一号"后自主研发的空间实验室。2016年9月15日，"天宫二号"在酒泉卫星发射中心发射入轨。2016年10月19日，"神舟十一号"与"天宫二号"自动对接成功，航天员景海鹏、陈东进入"天宫二号"，开始了30天的太空驻留任务。11月18日，在圆满完成了各项任务后，"神舟十一号"与"天宫二号"分离，航天员景海鹏、陈东搭乘返回舱返回地面，创造了中国航天员在太空停留时间的新纪录。

太 空，我来了

  2017年4月22日，我国制造的第一艘货运飞船"天舟一号"与"天宫二号"对接成功，9月17日在完成了多次对接试验、推进剂补加试验和其他研究任务后，与"天宫二号"告别，于9月22日离轨再入大气层。

  2019年7月19日，"天宫二号"完成了在轨飞行和各项试验任务，受控再入大气层，标志着我国载人航天工程空间实验室阶段全部任务圆满完成。

  中国载人空间站，简称中国空间站，是一个在轨组装完成的具有中国特色的空间实验室系统。

  中国空间站命名为"天宫"，由核心舱"天和"、实验舱Ⅰ"问天"、实验舱Ⅱ"梦天"三个舱段组成；提供三个对接口，支持载人飞船、货运飞船及其他来访飞行器的对接和停靠。三舱组合体质量约66吨，额定乘员三人，乘员轮换期间短期可达6人，具备10多吨载荷设备的安装和支持能力，以实现较大规模的空间应用。"天宫"的设计寿命不少于10年，具备通过维修延长使用寿命的能力，同时还具备一定的扩展能力。

  2019年7月，中国空间站核心舱完成了初样阶段综合测试、热真空试

天宫二号模拟图

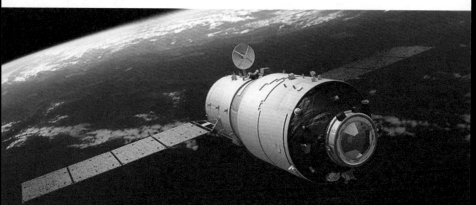

验等大型试验,转入正样阶段。
"问天"实验舱和"梦天"实验
舱完成了初样舱体阶段生产,
正在开展总装工作。

　　"天宫"空间站预计在
2022年前后建成。

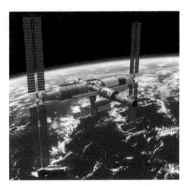

中国空间站设想图

九、航天员的"贴身装备"

　　太空完全不具备地球生命的生存条件,因此航天员暴露在太空中时需要穿上一层特殊的"铠甲",以保护航天员不受太空环境不利因素的侵害,这层"铠甲"就是航天服。同时,航天服不仅仅为航天员提供了生存的保护措施,它还是航天员在太空中的"贴身装备"。

　　航天服一般由服装、头盔、手套和靴子等组成。按照使用位置的区分,航天服可分为舱内航天服、舱外航天服和舱内舱外兼用航天服;按服装内的压力区分,可分为低压航天服与高压航天服两种;从结构上来说,又可以分为软式、硬式和软硬结合式航天服。

1.舱内航天服

　　舱内航天服是指航天员在飞船舱内活动时穿的服装。俄罗斯、美国和中国的第一套航天服都是舱内航天服,因为在探索太空的过程中,首先需要搭乘飞船安全到达太空并返回,并不需要舱外活动。

　　舱内航天服充气加压时呈"人"形状态,航天员身着舱内航天服,

核心舱

身体各部位均可处于统一、均匀的气体压力环境中。由于航天员的个体差异,通常舱内航天服为每一位航天员"量身定做"。整个航天服重10千克左右,造价高达数百万美元。

舱内航天服是整个飞船系统的组成部分,舱内航天服的主要功能包括在舱内压力损失的情形下保障航天员的安全,在舱内环境被污染的情况下提供安全避难所,支持应急逃生并在成功逃离飞船后为航天员生存提供保障,这些保护作用在飞船发射和返回过程中对保障航天员的安全极为重要。

科学家对舱内航天服作用的认识是逐步深入的。1971年6月30日,苏联三位航天员在"礼炮1号"空间站完成植物在太空中生长、空间站轨道调整等项目和多个医学实验后乘"联盟11号"飞船返回地球。由于原计划2个先后引爆的螺栓同时爆炸,振动过大导致飞船压力阀受损。当时返回舱还在距地面168千米的高空,这里还在大气层之外,返回舱内的空气迅速外泄导致舱内压力迅速降低,使缺乏防护的航天员暴露在几乎真空的环境中,不幸献出了宝贵的生命。这一惨痛的教训，推动了航天飞行过程中航天员保护措施的完善，在后来的航天飞行中，在发射、再入返回和轨道飞行段应急时，要求航天员必须身着舱内航天服，以保证安全。

舱内航天服由压力服、头盔、可脱戴的手套、靴子、通风和供氧软管及一些附件组成。一般情况下压力服共有六层。第一层是由纯棉布或棉麻布制成的内衣裤，质地柔软、透气，因而是最贴身的一层。第二层是保暖层，用羊毛制品或合成纤维片制成。第三层是通风散热系统，由微细管道连接在衣服上制成，在人体与外界隔绝的条件下，可以把人体产生的热量、水汽和各种气味排出体外。第四层是气密加压限制层，它用于充气加压，维持人体所适应的大气压力。第五层是隔热层，由5～7层涂铝的聚酯薄膜构成，主要防护外部热量往内辐射。第六层是外罩层，它由耐高温、耐磨损力强的材料制成。压力服具有良好的密封调压、通风散热、排湿等功能，同时具备足够的强度，并装有小便收集装置。

航天头盔一般包含密封的启闭机构和球面形的全景面窗。盔壳一般由聚碳酸酯材料制成，不仅隔音、隔热和防碰撞，而且减振好、质量轻。特殊设计的气流或防雾涂层能够防止航天员呼吸造成水汽凝结以及低温环境下头盔面窗上结雾、结霜。

航天服手套设计有带密封轴承的腕部断接器，因此航天员既可以把航天手套戴在压力服的袖口上，保证气密性，也可以将手套脱掉。手套需要在充气加压后才具有良好的活动性能和保暖性能。

身着航天服，即将奔赴国际空间站的航天员

航天服靴子有多种，各有优点。有与压力服构成整体的，也有带断接器的可穿脱密封式的，还有可穿在压力服限制层外的套靴。

2.舱外航天服

舱外航天服是保证航天员舱外活动安全的服装，是一个很复杂的系统，可以视为一艘单人载人飞船。1977年12月20日，苏联使用一套半硬式舱外航天服在"礼炮6号"空间站进行了舱外活动实验，在此基础上经多次改进形成了"和平号"用的舱外航天服。

美国第一套严格意义上的舱外航天服系统于1983年4月正式投入使用，作为航天飞机舱外活动装置，在"挑战者号"航天飞机STS-6任务中，航天员进行了舱外活动，对舱外活动设备和系统进行了测试。

2008年9月27日，"神舟七号"航天员翟志刚身穿中国第一套"飞天"舱外航天服完成了太空漫步。

舱外航天服除具备舱内航天服的所有保护层外，另外增加了真空隔热层、液冷层等。最外层具有防高温、防磨损和保护内部各层的功能，同时还可以有效阻挡太阳辐射并附有和其他装置连接的接口。

舱外航天服头盔包括头盔壳、面窗结构和颈圈等组件。头盔由强度大、抗冲击和耐高温的材料制作而成，有软式和硬式两种类型。

舱外航天服手套通过腕圈与服装连接。考虑航天员个体差异，手套根据航天员个人手型制造，手套手指关节部位均有波纹结构，可以使航天员手指自由弯曲活动，便于航天员灵活操作设备。

靴子由压力靴和舱外热防护套靴构成。踝部活动关节设计在压力靴上，并与压力服相连接。

舱外航天服的灵活性极为重要，其重要性仅次于安全性的要求。对舱外航天服灵活性的测试是舱外航天服设计加工过程中一项世界性难题，有的国家甚至通过对航天服进行部分拆解、打眼以完成舱外航天服的灵活性测试。

中国自主研制的
舱外航天服

我国科研人员成功研制出一种"航天员关节阻尼力矩机器人测试系统"，将传感器与测量系统设计为一体，在不改变航天服任何结构的状态下，利用测量机器人模拟人类感觉，测试服装各关节的灵活程度，然后利用三维图形仿真技术，将整个模型的建立过程及测量过程逼真直观地反映出来，从而判断航天服各个关节的灵活性。

舱外航天服具有一定范围的抗破损能力。舱外航天服并不仅仅是一个密封的系统，它由许多不同功能的夹层构成，其中包含有抗破片夹层，可对抗高速微流星的冲击，其功能类似于防弹衣。

舱外航天服夹层有一种遇到真空会膨胀的材料，当舱外航天服破损时，该材料发生膨胀将漏洞封堵，虽然不能完全阻止气体泄漏，但可以大幅减少气体泄漏量，为航天员返回航天器舱内争取更多的时间。

舱外航天服的生命保障系统能够在航天员出舱活动时维持航天员身体各部位压力。航天服通常携带远超航天员消耗量的氧气以预防突发情况。当航天服内的压力下降时，生命保障系统将自动释放氧气以提升航天服内的压力；当航天服内的压力持续下降或氧气消耗超出预期时，自动报警系统可以向航天员发出警报；当航天服出现气体泄漏量较大的情况时，航天服可以自动降低气压、提高氧气含量，以减少泄漏并维持航天员所需最低限度的氧气量。所以在一般故障情况下，航天服仍能为航天员短时间内的活动提供支撑，以便使航天员可以有足够的时间返回航天器舱内。

太空，我来了

3.舱内舱外兼用航天服

俄罗斯和美国的第一套舱外航天服均为舱内舱外兼用航天服，这种航天服的优点是在发射、返回和舱外活动阶段均可使用。这是由于早期飞船受体积和发射质量限制，而舱内舱外兼用航天服可以相对减少飞船的载荷。

舱内舱外兼用航天服在舱外活动早期曾创造了优异的服役记录。如苏联的"上升–2号"、美国"双子星座号"和"阿波罗号"软式航天服，其压力服主体部件既可在舱内使用又在舱外使用。压力服主体部件与舱内生命保障系统联合作为舱内航天服使用，以保障应急状态下航天员的生命安全；压力服主体部件配置真空屏蔽隔热层，与便携式生命保障系统联合使用作为舱外航天服，用于保障航天员舱外活动的安全。

舱内舱外兼用航天服的缺点是：作为舱外活动使用时，可靠性降低；而作为舱内航天服使用时又过于复杂，限制了航天员活动的灵活性。因此，当航天器载荷能力提高后，美国从航天飞机开始，苏联从"礼炮号"空间站开始，航天服便开始分为舱内航天服和舱外航天服。

十、探索太空的其他工具

载人航天工程满足了人类进入太空的愿望，但面对浩瀚无边的太空，以人类现有的知识和能力，还有许多的谜团需要去认识，去探索。因此，在发展载人航天的过程中，美国、俄罗斯、中国以及日本和欧盟等也都大力发展无人探测手段，通过无人探测器去探索更加遥远的宇宙空间。

1.美国主要的无人探测器

美国于1958-1968年间先后发射"先驱者号"探测器、"徘徊者号"探测器、"勘测者号"探测器和"月球轨道环行器"等对月球进行了考察，拍摄了大量月球表面照片，并对月球土壤进行了分析，为实现载人登月提供了科学依据。

1964-1976年间，美国利用"水手4号""水手6号""水手7号"和"水手9号"以及"海盗1号"和"海盗2号"等火星探测器对火星开展了探测活动。"水手9号"探测器进入了火星轨道，近距离对火星表面进行了拍摄，探测了火星大气层的压力、温度和火星磁场。"海盗1号"和"海盗2号"探测器先后于1976年7月20日和9月4日在火星表面软着陆，对火星土壤进行了取样分析，未发现火星存在生命的迹象。

1962年发射的"水手2号"和1967年发射的"水手5号"探测器先后在离金星35000千米和7600千米处掠过，测量了金星的大气密度和表面温度。

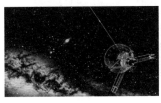

先驱者10号　　　　　　　　　　　　　先驱者11号

1972年3月2日和1973年4月5日发射的"先驱者10号"和"先驱者11号"探测器分别于1973年12月和1974年12月掠过木星，探测了木星的辐射带和大气层，拍摄了木星极区的照片。1986年10月，"先驱者10号"穿过冥王星的平均轨道，成为飞离太阳系的第一个航天器。

　　1977年发射的"旅行者1号"和"旅行者2号"于1979年飞临木星，首次临近观测了木星环、大红斑和3颗木星卫星。然后又于1980年和1981年先后飞近土星，拍摄了土星的照片，提供了关于土星环结构的新资料并发现了土星的新卫星。

　　美国1989年5月发射的"麦哲伦号"探测器，于1990年8月后一直绕金星飞行。

　　为了研究土星及其环状系统和土星的卫星，美国、欧洲航天局和意大利于1997年10月1日共同研制发射了"卡

新视野探测器

西尼–惠更斯"联合探测器。其中"卡西尼"探测器于2004年7月1日进入土星轨道,着陆器"惠更斯"于2005年1月14日降落在土星最大的卫星土卫六上。2017年9月15日,"卡西尼"探测器在土星大气层中被控制主动坠毁。

2006年1月19日,美国发射了第一个到达冥王星的探测器——"新视野"探测器。

2011年8月5日,美国发射"朱诺"探测器,任务目标是探测木星大气、引力场、磁场以及磁球层,调查木星上是否存在冰岩芯,确定木星上水的含量并寻找氧气的存在。

2016年9月8日,美国发射的"欧西里斯号"探测器于2018年12月4日抵达名为贝努的目标小行星。探测器在贝努小行星上发现了水的痕迹,这些水分被"锁"在贝努小行星的黏土中。

2.苏联主要的无人探测器

"火星1A号"是苏联的火星无人探测器,也是苏联首次探索火星计划中最早发射的探测器。"火星1A号"是苏联的第一代探测器,1960年10月10日,因火箭故障,发射任务失败。

1962年11月1日,苏联发射了第二代火星探测器"火星1号"。"火星1号"探测器直径1.1米,高3.3米,质量为863.5千克,装有2块太阳能电池板和折叠式抛物面天线。"火星1号"升空4个

火星 1A 号

月后，在距地球1亿多千米处与地面的通信中断，没有完成飞向火星考察的任务。

苏联的第三代探测器是"火星1969A号"，于1969年3月27日发射，搭载有相机、质谱仪等，但发射400余秒后意外爆炸。

"火星2号"和"火星3号"是苏联的第四代探测器，分别于1971年5月19日和5月28日发射成功。其中"火星3号"探测器于1971年12月成功登陆火星表面。

1973年7月至8月间，苏联先后发射了"火星"系列的4号、5号、6号和7号探测器，但均未成功。

1988年7月7日和12日，苏联发射"福波斯1号（火卫1）"和"福波斯2号（火卫2）"两个火星探测器。1988年底，"福波斯1号"失去联系；"福波斯2号"于1989年1月29日飞临火星，进入绕火星飞行的轨道，3月27日，"福波斯2号"出现故障而停止工作。

苏联解体后，俄罗斯继承了苏联的航天体系。1996年11月16日，俄罗斯"火星96"卫星/登陆车升空，但发射仅一天后就重新返回地球大气层，标志着发射任务的失败。

1961年2月到1983年6月，苏联共发射16个"金星"号探测器，其中2个飞过金星，4个飞抵金星表面，另外10个在金星表面实现了软着陆。

3.中国主要的无人探测器

2007年10月24日，我国发射国内首个月球探测器"嫦娥1号"。"嫦娥1号"总质量约为2350千克，尺寸为2米×1.72米×2.2米，帆板展开长度18米。该探测器的主要目的是获取月球表面三维立体影像，精细划分月球表面的基本构造区和地貌单

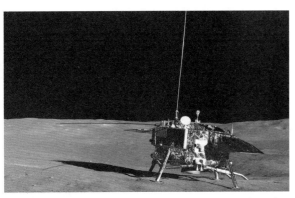

"嫦娥4号"月球软着陆

元,分析月球表面有用元素含量和物质类型的分布特点,探测月壤厚度,探测地球至月亮的空间环境。

2010年10月1日,我国发射"嫦娥2号"探测器。"嫦娥2号"的任务是测试飞行轨道,为后续登陆月球做准备。

2013年12月2日,我国成功发射了第一个月球软着陆的无人登月探测器"嫦娥3号"探测器。"嫦娥3号"的主要任务是调查月表形貌与地质构造,调查月表物质成分和可利用资源,完成地球等离子体层探测和月基光学天文观测。

2019年1月3日,我国发射的"嫦娥4号"探测器是"嫦娥3号"的备份星,其主要任务是着陆月球表面,更深层次和更加全面地探测月球地质、资源等方面的信息,完善月球的研究资料。

深空探索促进了我国航天事业的发展,同时也对大推力火箭研制和航天新技术研发提出了更高的要求。2019年12月27日,"长征五号遥三"运载火箭在中国文昌航天发射场点火升空,2000多秒后,与"实践二十号"卫

太空,我来了

电火箭

星成功分离,将卫星送入预定轨道,任务取得了圆满成功。
"实践二十号"卫星是地球同步轨道新技术验证卫星。510
所研制的LIPS-300电推进系统又称"电火箭"成为助力"实
践二十号"卫星的关键产品,使卫星携带的燃料大大减少,
为载荷留出了更充裕的空间。

4.其他探测装置

　　探索宇宙是全人类的事业,除美国、俄罗斯和中国
外,其他一些国家或组织也发射了一部分探测器,主要有
欧洲的"火星快车号"火星探测器和"金星快车号"金星探
测器,日本的"行星-B号"火星探测器和"拂晓号"金星探
测器,印度的"曼加里安号"火星探测器等。

　　除了探测器以外,人类还利用太空望远镜去探索宇宙
的奥秘。

　　由美国航空航天局和欧洲航天局合作共同管理的哈

勃太空望远镜于1990年4月24日发射升空。哈勃太空望远镜位于地球大气层之外，使观测研究可以不受大气湍流的扰动，同时也避免了大气散射形成的背景光对观测结果的影响，弥补了地面观测的不足，是国际天文研究最重要的仪器之一。2018年10月5日，哈勃太空望远镜由于回转仪故障暂停运转，进入"安全模式"。

分布于世界各地的天文望远镜依然是人类观测研究宇宙的重要方式。目前世界上最大口径的天文望远镜是位于中国贵州的500米口径球面射电望远镜。它于

世界最大球面射电望远镜

2016年9月25日落成启用，是中国具有自主知识产权的世界最大单口径、最灵敏的射电望远镜，被誉为"中国天眼"，主要用于寻找提供未来太空定位的脉冲星，并探索地外文明，对提高我国基础科学研究水平、提升国家的创新能力建设都具有十分重要的意义。

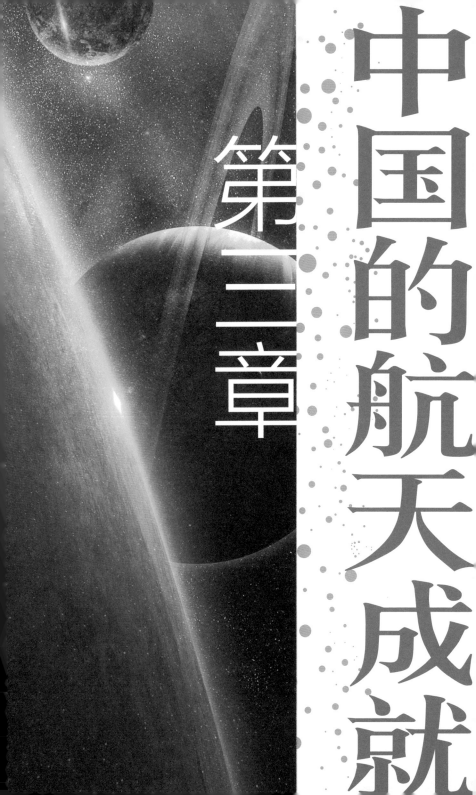

第三章 中国的航天成就

第三章　中国的航天成就

中华人民共和国成立后，从"东方红一号"卫星的研制发射开始，中国航天事业从零起步，走过了一段不平凡的历程，完成了通讯卫星、载人航天、探月工程、导航卫星、对地观测卫星和科学实验卫星等多项航天任务，铸就了"两弹一星"、载人航天、月球探测等中国航天发展的三大辉煌成就，令世界瞩目。在习近平新时代中国特色社会主义思想指引下，中国航天事业从跟跑、并跑跨入到部分领跑的新发展阶段，正向"建设航天强国"的目标迈进。

一、开启中国航天时代的"东方红一号"

"东方红，太阳升……"的歌声通过"东方红一号"卫星由太空传回地面，响彻全球。"1970年4月24日，我国成功地发射了第一颗人造地球卫星。卫星运行轨道，距地球最近点439千米，最远点2384千米，轨道平面和地球赤道平面夹角68.5°。绕地球一周114分钟。卫星重173千克……"新华社在卫星发射成功后向全世界播发的这篇电文，正式宣告中国进入了航天时代。2016年3月8日，国务院正式批复，将

《人民日报》刊登成功喜报

每年的4月24日定为"中国航天日"。

"东方红一号"卫星的成功发射是我国航天事业发展征程上的第一个里程碑。1967年,中国人民解放军第五研究院(中国航天科技集团有限公司第五研究院前身)成立,钱学森任首任院长,孙家栋组建总体设计部,负责卫星系统工程的顶层设计。七机部一院各专业,包括戚发轫(神舟飞船总设计师,中国工程院院士)在内的18人由此进入五院,就是后来大家所说的"航天十八勇士"。"当时,苏联、美国、法国的卫星都已经上天,中国和日本都在争谁是第四名,因此,尽最大可能缩短研制周期是第一要务。"孙家栋对当时的情况曾这样回顾道。为了集中精力保证主要目标,孙家栋决定,凡与"抓得住、看得见、听得着"有关的技术都要攻破和确保,无关的、来不及的就不上。这个决定的最大贡献就是简化了方案,争取了时间。例如卫星的电源就没有采用更为先进的太阳能电池,而使用了技术上已经十分成熟的蓄电池。由于电池寿命有限，卫星运行28天后（设计寿命为20天）电量耗尽。在此期间，卫星把遥测参数和各种太空探测资料传回地面。"东方红一号"卫星的主要任务是进行卫星技术试验、探测电离层和大气层密度。与现在航天工程不同的是，"东方红一号"卫星的成功发射，政治意义远大于它所承载的科技载荷。"东方红一号"卫星相对于其他国家的第一颗卫星在质量上最大，在性能指标方面相对先进，并且研制时间较短，因此大大增强了中国人民的民族自豪感和自信心，从当时的报道和文献记载中足以看出当时人们对自己作为中国人而骄傲自豪的心情。

与世界其他国家相比，中国的第一颗人造地球卫星有显著特点。在质量上，"东方红一号"超过了苏、美、法、日四国卫星质量的总和；在研制速度上，从成功爆炸原子弹到成功发射第一颗人造地球卫星，美国花了12年半，苏联花了8年，中国仅用了5年半，比美、苏两国都快；在技术上，中国的这颗人造地球卫星实现了安全可靠、准确入轨、及时预报的要求，首次发射即一举成功。

"东方红一号"卫星乐音装置

我国在特殊历史时期克服艰难险阻成功发射的这一颗"东方红"，使国人扬眉吐气，令世界刮目相看。时至今日，"东方红一号"已经绕地球运行了46个年头。在这46年中，我国人造卫星经历了从无到有、从少到多、从易到难的发展过程，相继发射了科学卫星、返回式遥感卫星、通信卫星、气象卫星等等，获得了一项项举世瞩目的骄人成绩。2016年8月16日，由我国科学家自主研制的世界首颗量子科学实验卫星"墨子号"在酒泉卫星发射中心成功发射，标志着我国空间科学研究又取得了新的突破。回顾征程，我们今天在航天科技领域取得的一系列成就，都离不开我国研制第一颗人造卫星"东方红一号"所奠定的基础。

在研制"东方红一号"的过程中，广大科技人员克服重重困难，在艰苦的条件下，群策群力，解决了一个又一

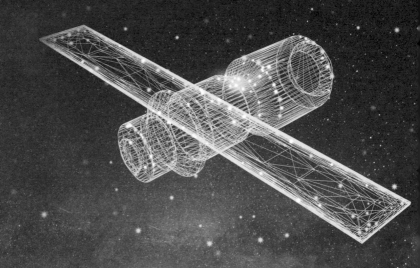

个技术难题。现撷取几个小故事，可以使我们能够从中体会到当时科研人员的艰苦奋斗和不懈努力的精神。

"藏起来的"实验：

为了让"东方红一号"在太空中播放的《东方红》乐曲能被地面接收到，卫星装配了4根天线，每根长达3米。这些天线发射的时候要合拢起来，到了太空解锁后靠卫星自旋的力量甩出来。然而，这个部件的制动设计比较复杂，力量轻了甩不开，重了又会因离心力太大而对天线结构造成不利影响。当年没有计算机仿真模拟，完全要靠地面试验。20世纪60年代，当时的科研条件十分简陋，甚至连块合适的试验场地都难找到。试验需要设备、场地，设备是我们自己研制生产的，但场地一时难以解决。"当时中科院力学所有个仓库，地方挺大的，我们就决定在那儿做地面实验。"戚发轫坦言，当时做实验还是有比较高的危险性，"天线一甩起来，万一断了会甩出去伤人。"怎么办呢？仓库里有许多质地粗糙的包装箱，戚发轫和同事们就躲进箱子里，"从箱盖的缝隙中观察实验，更年轻的同事甚至骑到房梁上。"就这样，实验在没有条件、创造条件的情况下全部都完成了。

给卫星加"围裙"：

潘厚任是中国科学院空间科学与应用研究中心研究员，承担了我国首批箭载、星载太空探测仪的设计研制、卫星轨道计算等工作。有一天深夜，钱学森把潘厚任和另外两个同志叫到办公室，问道："卫星放到天上到底能不能看见？"潘厚任回答："这个星的直径1米，亮度相当于7等星。在天气、光线都很好的情况下，人的肉眼最多只能看到6等星，也就是说基本看不见。""看不见"变成了大问题。科学家们最后在火箭上找到了办法。为了能让大家看到发射效果，后来在末级火箭上加了一个特殊材料制成的"围裙"，卫星发射入轨后，末级火箭脱离，"围裙"撑开有几十米，大面积反射太阳光，与卫星一前一后，速度和轨道都差不多，很容易被人们看到，所以大家当时用肉眼看到的是带着"围裙"的末级火箭，而并非卫星本身。

借收音机测频率：

解决了"看得见"的问题，"听得见"的问题也让科学家们费尽了心思。时至今天，已无从考证谁第一个提出在卫星上播放《东方红》乐曲这个想法的，但是播放《东方红》这首乐曲的重要性已经不亚于卫星本身。怎样听，用什么听？钱学森再问潘厚任等人："卫星绕地球转的时候，能不能让亚非拉的人民用普通收音机也能收听？"潘厚任接过了这个难题，他用了三个月时间求解。在物资匮乏的年代，他也不知道国外用的到底是什么收音机。凭着一张介绍信，他通过有关部门把能找到的各种类型的收音机都借了一个。这些收音机有些在国内的市场上还没有，像国外刚上市的口袋收音机，只有烟盒那么大，也都被他借过来做了测试。他先测试了各种收音机的灵敏度，然后再反过来推算卫星上发射无线电波需要的功率有多大。测试中，他发现如果要让普通收音机都能收听到《东方红》乐曲，就必须在卫星上装上大功率发射机。要在卫星上装这种发射机，卫星的质量将超过1吨，而这是当时的火箭运载能力不允许的。最后改为了通过地面站转播的方式，这在当时是一个切实可行的办法。

二、中国航天员的飞天之旅

飞向太空是中国航天人的不懈追求。在中国人实现飞天梦的过程中，一代代航天科技工作者以坚忍不拔的精神，自力更生，刻苦攻关，发挥自己的聪明才智，在有限的条件下解决了一个又一个技术难题，走出了一条符合中国国情、具有中国特色的载人航天之路。从杨利伟到费俊龙、聂海胜、翟志刚、刘伯明、景海鹏、刘洋……一位又一位航天英雄奔向太空，中国的载人航天科技水平迅速提高，为中国的航天事业创造了一个又一个辉煌。

1.奠基

20世纪70年代，中国的航天事业开始起步，"东方红一号""东方红二号""东方红二号甲"等多颗通信卫星发射成功。此时，钱学森同志提出了发展载人航天的设想，上报中央后于1971年4月获得批准实施，这项工程被命名为"714工程"。改革开放，促进了中国空间技术的大发展，我国多次成功进行了返回式卫星、资源卫星、气象卫星等应用卫星的研制发射和在轨运行。其中，返回式卫星技术的掌握，为研究载人航天技术打下了坚实的基础。

1992年1月，国家正式批准载人航天工程立项，这也是"921工程"的由来。中国空间技术研究院承担了"921工程"的核心技术——载人飞船的研制工作。同时建立的北京唐家岭航天城，成为中国航天员的训练基地。

2.飞跃

1999年11月20日，"神舟一号"发射，我国实现了飞船天地往返的重大突破。

随后，我国陆续发射了"神舟"二号、三号、四号无人飞船，飞船运行时间从"神舟一号"的1天增加到了多天，通过多项改进措施，提高了载人航天的安全性。

2003年10月15日9时整，"神舟五号"载人飞船搭载航天员杨利伟在中国酒泉卫星发射中心发射升空。9时9分50秒，"神舟五号"准确进入预定轨道。这是中国首次进行载人航天飞行。飞船在轨正常运行14圈后安全返回预定区域，航天员杨利伟自主出舱。

2005年和2008年，我国又相继发射了"神舟"六号和七号载人飞船，实现了"多人多天"的飞行任务。特别是航天员翟志刚身着我国自主研制的"飞天"舱外航天服，完成了中国人千年的太空漫步梦想。

至此，中国航天完成了载人航天三步走战略的第一步：发射载人

搭乘"神舟五号"飞船的航天员杨利伟

飞船,建成初步配套的实验性载人飞船工程并开展空间应用实验。

位于兰州的510所为"神舟"飞船研发了多套设备,其中,406兆赫国际救援示位标是飞船返回时重要的定位设备,它可向国际海事组织发送定位信息,为返回舱及时回收和航天员营救提供保障。此外,510所的科研人员还参与了飞船内的仪表系统,包括手动控制单元、仪表板、减震器、语音通报与报警单元、数码显示通报单元以及用于飞船各舱段间的泄压及保持与舱间压力平衡的平衡阀和用于空间站舱内外照明的长寿命照明灯等等的研制工作。

3.辉煌

2011年9月,"天宫一号"目标飞行器成功发射。两个月后,"神舟八号"飞船发射升空,与"天宫一号"成功实施首次交会对接任务,开启了中国空间实验室的时代。2012年6月，搭载航天员景海鹏、刘旺、刘洋的"神舟九号"飞船成功与"天宫一号"目标飞行器实现了自动交会对接，随后又顺利完成了与"天宫一号"的手控交会对接，标志着中国完全掌握了载人交会对接技术。2013年6月，"神舟十号"搭载聂海盛、张晓光、王亚平三位航天员飞向太空，与"天宫一号"顺利对接形成组合体，在轨飞行

"神舟"飞船与"天宫一号"交会对接

15天，航天员王亚平还在另两位航天员的协助下首次进行了我国航天员的太空授课活动，向全国青少年宣传普及了太空和载人航天的科技知识。2018年4月2日，已在太空中运行了6年多的"天宫一号"超期完成了自己的使命，为我国空间站的建设运营和载人航天成果的应用推广积累了重要经验。

2016年9月，中国第一个真正意义上的空间实验室"天宫二号"发射成功。

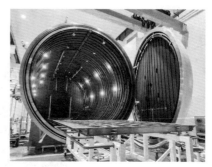

真空环境模拟设备

"天宫二号"先后接受了"神舟十一号"和货运飞船"天舟一号"的访问，开展了大规模的空间科学和应用实验，验证了航天员中期驻留和推进剂在轨补加技术，为空间站建设及运行奠定了基础。

至此，我国完成了载人航天三步走战略的第二步：突破载人飞船和空间飞行器的交会对接技术，并利用载人飞船技术改装、发射一个空间实验室，解决有一定规模的、短期有人照料的空间应用问题。

"天舟一号"与"天宫二号"成功对接

在这一历史性的进程中，510所为空间实验室研制开发了真空环境模拟设备，用于模拟"冷黑""高真空"和"外热流"等特殊环境。此外，为保证交会对接的安全进行，510所还研制了快速检漏仪，用于快速检测舱门的密封情况，为保障航天员的飞行安全发挥了重要作用。

4.未来

中国的每一次载人航天飞行都是一次突破，都是一次全新的挑战。从"神舟一号"到"神舟十一号"，从一人一天到多人多天，从首次出舱活动到手控交会对接，再到今天的太空实验室，每一次的成功都为我国载人航天工程树起了一座新的里程碑，每一次的进步都扎实地书写了中国航天事业的发展与成熟。

中国已成为第三个独立完整掌握载人航天技术的国家。中国载人航天工程正向"三步走"的最后一个目标——空间站建设快速迈进。相信在不久的将来，中国的空间站将翱翔于太空，并将为中国的现代化建设和人类的共同发展做出贡献。

中国空间站

三、中国的探月工程

航天先驱、俄科学家、火箭公式创立者齐奥尔科夫斯基曾说："地球是人类的摇篮，但人类不可能永远地束缚在摇篮里。"

发射人造地球卫星、载人航天和深空探测是人类航天活动的三大领域。重返月球，开发月球资源，建立月球基地已成为世界航天活动的必然趋势和竞争热点，月球已成为未来航天大国争夺战略资源的焦点。月球具有可供人类开发和利用的独特资源，月球上特有的矿产资源和能源资源，是地球资源的重要补充，对人类社会的可持续发展具有重要意义。

开展月球探测工作是我国迈出航天深空探测第一步的重大举措，实现月球探测将是我国航天深空探测零的突破。中国整个探月工程分为"绕"、"落"、"回"三个阶段。2004年，中国正式开展月球探测工程，并命名为"嫦娥工程"。

1. 嫦娥一号

"嫦娥一号"是我国首颗绕月人造卫星，以中国古代神话人物嫦娥命名，由中国空间技术研究院研制。卫星的主要任务是：获取月球表面的三维立体影像，分析月球表面有用元素的含量和物质类型的分布特点，探测月壤厚度和地球至月球的空间环境。

2007年10月24日，"嫦娥一号"卫星在西昌发射升空，将包括《半个月亮爬上来》在内的30首歌曲携带到在中国古典文学中具有重要意象意义的月球。2009年3月1日"嫦娥一号"完成使命，坠落在月球上的预定地点。

探月工程是继人造地球卫星、载人航天之后，中国航天活动的第三个里程碑。"嫦娥一号"卫星首次绕月探测的圆满成功，使我国掌握了一批具有自主知识产权的核心技术和关键技术，也使我国成为世界上为数不多的具有深空探测能力的国家，对增强我国综合国力，提高自主创新能力和科技水平产生了深远影响。

  "嫦娥一号"为实现全月面成像,在国际上首次同时搭载CCD立体相机和激光高度计,两者结合起来就能绘制成一张比较精细、全面的月球立体地图。

  "嫦娥一号"对月球表面进行了全面观测,获得了120米分辨率全月球影像图、三维月球地形图等成果,而且包含了月球的南北极。在此之前,全世界没有国家获得过三维立体的全月图。

2.嫦娥二号

  "嫦娥二号"卫星是中国第二颗探月卫星、第二颗人造太阳系小行星。2010年10月1日,"嫦娥二号"卫星在西昌发射升空,顺利进入地月转移轨道。

  2012年12月15日,"嫦娥二号"卫星在飞离日地拉格朗日L2点195天后,飞抵距地球约700万千米远的深空,与4179号图塔蒂斯小行星由远及近擦身而过,"嫦娥二号"卫星利用

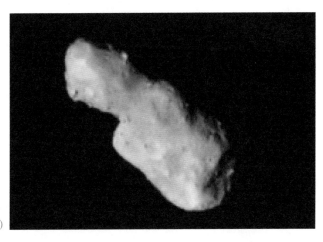

4179号小行星照片
(曝光时间:7毫秒)

太阳翼监视相机获取了小行星影像，圆满完成了国际上首次对4179号小行星的近距离光学探测，"嫦娥二号"工程随之收官。"嫦娥二号"已经成为太阳系的小行星，围绕太阳做椭圆轨道运行，2020年回到地球附近。

3.嫦娥三号

"嫦娥三号"探测器是我国探月工程二期的一个探测器，也是我国第一个月球软着陆的无人登月探测器。"嫦娥三号"探测器由月球软着陆探测器（简称着陆器）和月面巡视探测器（简称巡视器，又称"玉兔号"月球车）组成。

"嫦娥三号"探测器于2013年12月2日在中国西昌发射升空，2013年12月14日成功软着陆于月球雨海西北部，成为37年内再次访问月球的人类使者。2013年12月15日完成着陆器巡视器分离，并陆续开展了"观天、看地、测月"的科学探测和其他预定任务，取得了一定成果。2013年12月16日，我国宣布"嫦娥三号"任务获得成功。2016年8月4日，"嫦娥三号"正式退役。

自2013年12月14日月面软着陆以来，我国"嫦娥三号"月球探测

"玉兔号月球车"

器创造了在月工作全世界最长纪录。其拍摄的月面照片是人类时隔40多年获得的最清晰的月面照片，所取得的科学数据和影像资料向世界各国开放共享。

月尘探测

510所同样也为探月工程做出了自己的独特贡献。"嫦娥三号"月球探测器上搭载的月尘探测仪就是由510所研制的。这个探测仪由太阳能电池和黏性石英晶体微量天平组成。我国科研人员利用这个仪器在国际上首次成功测定了月球虹湾区附近月尘的沉积量，这一研究结果对未来月球探测器的设计、月球科考站甚至月球基地的建设都具有重要的价值。

"嫦娥三号"探测器上的五星红旗给人留下了深刻的印象。而

"嫦娥三号"器表国旗

你可能想不到，"嫦娥三号"探测器和巡视器上的器表国旗也都是由510所负责设计和研制的。"嫦娥三号"的器表国旗采用有机高分子薄膜材料制作，具有良好的空间环境适应性，在空间辐照和真空环境下不褪色、不分解，且在极端高低温环境条件下不变形，体现了对月球表面环境良好的适应能力。

为检验"玉兔"号月球车的性能，2015年4月，由510所牵头完成了"嫦娥三号"巡视器外场月面环境模拟试验。月球车野外试验场选在甘肃省酒泉市敦煌库姆塔格沙漠腹地。这里风沙地貌齐全，沙丘轮廓清晰，是地球上最接近月表地形地貌的区域之一。通过严格试验，检验了"玉兔"号月球车的各项性能，保证了"嫦娥三号"的圆满成功。该项目荣获了中国航天科技集团公司科学技术进步三等奖。

4. 嫦娥四号

"嫦娥四号"探测器，简称"四号星"，是"嫦娥三号"的备份星。它由着陆器与巡视器组成，巡视器命名为"玉兔二号"。作为世界首个在月球背面软着陆和巡视探测的航天器，"嫦娥四号"的主要任务是实现在月球背面着陆，继续更深层次、更加全面的探测月球地质、资源等方面的科学信息，完善月球的研究资料。

2018年5月21日，"嫦娥四号"中继星"鹊桥号"成功发射，为"嫦娥四号"着陆器和月球车提供地月中继通信支持，成为人类目前唯一的地球-月球背面通信中继卫星。

月球车野外试验场

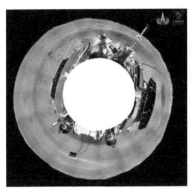

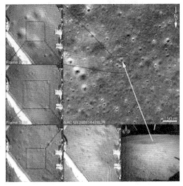

"嫦娥四号"着陆器地形地貌
相机环拍全景图（方位投影）

"嫦娥四号"落月点（45.45657° S，
177.58807° E）

月球背面影像

"玉兔二号"月球车

　　2019年1月3日，"嫦娥四号"成功着陆在月球背面南极艾特肯盆地冯·卡门撞击坑的预选着陆区，实现人类探测器首次在月球背面的软着陆。

　　2019年1月3日15时7分，通过"鹊桥"中继星向"嫦娥四号"发送指令，两器分离开始。22时22分，"玉兔二号"巡视器到达月面，着陆器与巡视器各自开始就位探测与巡视探测。

　　2019年1月15日，"嫦娥四号"上搭载的生物科普试验载荷发布了最新试验照片，照片显示试验搭载的棉花种子已经长出了嫩芽，这也标志着

太空，我来了

"嫦娥四号"搭载的生物实验装置

"嫦娥四号"完成了人类在月面进行的首次生物实验。

2019年2月15日，中国国家航天局、中国科学院和国际天文学联合会联合召开新闻发布会，向全世界发布"嫦娥四号"着陆区域月球地理实体命名："嫦娥四号"着陆点命名为天河基地；着陆点周围呈三角形排列的三个环形坑，分别命名为织女、河鼓和天津；着陆点所在冯·卡门坑内的中央峰命名为泰山。

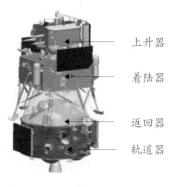

上升器

着陆器

返回器

轨道器

"嫦娥五号"探测器结构图

5.嫦娥五号

2011年，我国在探月二期工程实施的同时，为衔接探月工程一期和二期，兼顾中国未来载人登月和深空探测发展，正式启动了探月三期工程，任务目标是实现月面无人采样返回。

根据中国探月工程"绕"、"落"、"回"三步走战略，探月工程三期主要实现采样返回，其主要任务由"嫦娥五号"月球探测器承担。"嫦娥五号"的任务目标包括对着陆区的现场调查和分析，之后携带采集的月球样品返回地球。

"嫦娥五号"由轨道器、上升器、着陆器和返回器组成。先将轨道器和返回器的组合体送入月球轨道，再让组合体返回地球。组合体在距离地球9000千米的太空中分离，之后返回器会按照预定的轨迹返回地面。

在月面采样难度有多大呢？当年苏联进行了好几次月面采样但只成功了三次，一共取回了300多克月壤。"嫦娥五号"计划采样2千克，要钻入月面下2米的深度以获取原原本本的月壤，还必须封装好拿回来。这样难度将更大。"嫦娥五号"将对月壤或者月岩进行自动采样并将样品带回地球。从月球到地球38万千米的超长距离运输过程中，确保月壤与月岩不受空间复杂环境的影响,完成对月球样品的自动密封封装,成为探月三期任务中决定成败的关键。为此,510所研制了月球样品密封封装装置。

为了保证"嫦娥五号"探测任务的成功,我国于2014年10月24日发射了"嫦娥五号"飞行试验器,为"嫦娥五号"发射积累数据和经验。

"嫦娥五号"飞行试验器返回地球的速度非常快,将达到每秒11.2千米的第二宇宙速度,以这样的速度进入地球大气层,势必将因为与大气剧烈摩擦产生的高温而烧毁。要在进入大气层阶段把速度降下来,我国选择了"弹跳式"再入返回技术。

"弹跳式"再入返回技术有些像人们玩的"打水漂"一般,就是当飞行器返回地球时以计算好的角度与大气层接触,利用与大气层之间的相互作用,使飞行器像碰触到水面的小石子一样被弹起来,然后再次接触大气层后又再次被弹起来,如此多次达到减速的目的。返回过程每一次弹跳都进行了精

"嫦娥五号"试验器发回的地月合影

确计算。为克服气流等引起的不确定因素,飞行器还采用多台小发动机在弹跳过程中适时点火,控制姿态,以确保每一步弹跳轨迹都准确无误,从而保证飞行器准确降落在预定的降落场。

"嫦娥五号"飞行试验器的成功为中国探月工程拿到了第一张"返程票",标志着中国探月告别"单程票"时代,为未来"嫦娥五号"执行更为复杂的返回任务奠定了技术基础。

6.展望

我国对未来月球探测进行了系统规划，适时启动探月工程四期，在月球建立一个中国人主导的科研基地或科研站。为此，提出了未来十年开展两次通过机器人分别对月球南北极进行探测的设想，即"嫦娥七号"和"嫦娥八号"工程。"嫦娥七号"计划在月球南极着陆，进行一次对月球南极地形地貌、物质成分、空间环境的综合探测任务。"嫦娥八号"除了继续进行科学探测试验外，还要进行一些关键技术的月面试验。2030年前实施载人登月工程，实现中国人登月，为建立月球基地做技术储备，并为实现驻月提供技术支持。

四、北斗：让你的定位更精准

卫星导航是航天科技的重要应用领域。卫星导航是指采用导航卫星对地面、海洋、空中和空间用户进行导航定位的技术。GPS国际协会已统计出GPS的100余种不同类型的应用。卫星导航技术不仅应用于国防军事领域，而且也广泛渗透到社会生活的许多方面，卫星导航技术对社会生活的影响也日益深远。

1.卫星导航系统

智能手机、智能手表、快递车辆，都在和太空中的导航卫星联系，告诉我们当前准确的位置，这些都是在天空中的导航卫星在为我们默默服务。

目前世界上的卫星导航系统有美国全球定位系统（GPS）、俄罗斯格洛纳斯卫星导航系统（GLONASS）、欧洲伽利略卫星导航定位系统（GALILEO）和中国北斗卫星导航系统（BDS）。

美国全球定位系统由24颗卫星组成，分布在6条交点互隔60度的轨道面上，精度约为10米，满足军民两用的需要。美国目前正在试验第二代卫星系统。

俄罗斯格洛纳系统由24颗卫星组成,精度在10米左右,也能满足军民两用需要,2009年底服务范围拓展到全球。

目前全世界使用的导航定位系统主要是美国的GPS系统,但欧洲人认为这并不安全。为此欧盟国家实施了"伽利略"计划,建立了欧洲伽利略系统。欧洲伽利略系统由30颗卫星组成,定位误差不超过1米,主要为民用。

中国北斗卫星导航系统是中国自行研制的全球卫星导航系统,也是继GPS、GLONASS之后的第三个成熟的卫星导航系统。北斗卫星导航系统和美国GPS、俄罗斯GLONASS、欧盟GALILEO都是联合国卫星导航委员会认定的供应商。

2.北斗的特色

北斗卫星导航系统是中国着眼于国家安全和经济社会

复杂地形的导航

发展需要,自主建设、独立运行的卫星导航系统,为全球用户提供全天候、全天时、高精度的定位、导航和授时服务的国家重要空间基础设施。

北斗系统采用三种轨道卫星组成的混合星座，与其他卫星导航系统相比，高轨卫星更多，抗遮挡能力强。

北斗系统提供多个频点的导航信号，通过多频信号组合使用等方式提高服务精度。

导航卫星上的原子钟是其核心部件，原子钟的精度越高，导航定位就越精确。我国在发展北斗系统的初期，由于受技术水平制约，原本计划从国外购买原子钟，但却遭到了对方的刁难。510所自

导航卫星上的原子钟

主研制了高精度铷原子钟，打破了国外垄断，为北斗导航卫星连续、稳定、高精度的导航服务提供了时间和频率基础。原子钟每300万年误差1秒。从2012年最后3颗北斗二号卫星开始，国产原子钟完全替代了进口产品。当年曾遏制我们发展卫星导航技术的国家，现在却反过来恳求购买我国的原子钟产品。

北斗系统创新地融合了导航与通信能力，具备信号上传功能。

通达全球的短报文

2008年汶川发生特大地震，现场通信设施遭受严重损坏，加上当地地形复杂致使无线通信不畅，汶川及其他遭受地震破坏严重的山区成了信息"孤岛"，外界无法知晓震中地区的受灾情况。在此情况下，最早的现场信息就是通过北斗的短报文通信功能传送到救灾指挥中心的，北斗卫星导航系统架起了救灾现场和后方指挥部间的"生命连线"。

北斗系统独有的短报文功能为人们在灾害应急处置中提供了重要的通信手段。在没有手机基站的地方也能通过北斗通信系统实现信息沟通，同时还能发送自己的精确位置。这意味着即使在没有通信信号的海洋、沙漠和荒野，只要有一台北斗终端，就能发出准确的求救信息。

目前，北斗自主终端达到5000万部，3亿部手机具备了北斗功能，覆盖90余个国家、30多亿人口，包括高通骁龙、联发科、华为麒麟等移动芯片均已支持北斗卫星导航系统。

太空，我来了

3.北斗的发展历程

我国的北斗卫星导航系统建设也制定了三步走的发展战略。其目标为：20世纪末，建成北斗一号系统，服务范围覆盖全国；2012年年底，建成北斗二号系统，服务范围覆盖亚太地区；到2020年，建成北斗全球系统，服务范围覆盖全球。

1994年1月，我国双星定位卫星（北斗一号）批准立项，开始了导航卫星的研制；2000年，发射2颗地球静止轨道卫星，建成系统并投入使用，采用有源定位体制，为中国用户提供定位、授时、广域差分和短报文通信服务，在国际上首次实现了利用地球同步轨道卫星和RDSS原理完成定位授时服务，是我国导航卫星的第一个里程碑，使我国成为世界上第三个拥有自主卫星导航系统的国家。2003年，北斗一号卫星工程荣获国家科学技术进步奖一等奖。

2004年，北斗二号系统工程启动；2012年年底，完成14颗卫星（5颗地球静止轨道卫星、5颗倾斜地球同步轨道卫星和4颗中圆地球轨道卫星）发射组网。同年12月，北斗二号卫星导航系统正式运行，为我国及周边地区提供连续稳定的导航、定位、授时以及短报文通信服务，并向全世界发布接口控制文件。该系统的建成和投入使用，是国家和军队信息化建设的重要里程碑。2016年，北斗二号工程荣获国家科学技术进步奖特等奖。

2009年，北斗三号系统建设启动；2016年完成新技术验证；2018年年底，完成18颗中轨道卫星、1颗地球同步轨道卫星的发射组网，完成基本系统建设，为我国的"一带一路"发展战略提供了支撑。北斗三号系统在2020年全面建成后，定位精度将从10米提高到4米，短报文也从每条信息100个汉字提高到1000个汉字。

　　未来的北斗导航，将不仅仅局限于地面导航，还将在地球和月球之间部署导航卫星，为人类的月球活动提供服务。

　　也许在将来的某一天，我们驾驶着月球车，也能听到"准备出发，大约需要30分钟。前方左转……"

五、从更高处观测地球

　　人站在海边，最远能看到的海平面25千米远的地方。站在珠穆朗玛峰顶，能看到0.07%的地球表面。正所谓站得高、看得远，因此有"欲穷千里目，更上一层楼"的诗句。自航天器问世后，科学家们首先就想到了利用太空轨道资源，可以更好地观测地球。通常在离地面200千米高的近地轨道

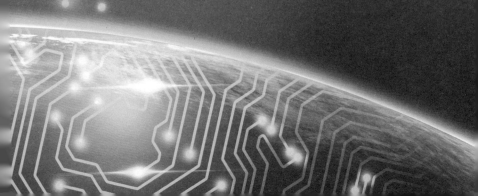

上，卫星可以观察到 1.5% 的地球表面；在距地面 35800 千米的地球静止轨道上，则可以观察到 42% 的地球表面。

1.对地观测卫星的用途

人类生活在地球的五大圈层 —— 岩石圈、水圈、冰冻圈、大气圈和生物圈及其相互作用之中。工业化时代以来，人类活动对自然界的影响越来越大，资源损耗、生态破坏、自然灾害频发，人类的可持续发展面临着一系列的挑战。为了把自然灾害的破坏影响降到最低，加强生态环境保护，就需要大力发展对地观测技术，及时准确预报灾害，观测资源变化情况。

对地观测卫星是利用空间观测技术获取地球自然地理环境和人类社会活动信息的卫星。对地观测卫星应用范围十分广泛，不仅可用于对自然地理环境进行观测，如开展大地测量、资源勘探和自然灾害预报等工作，而且也被广泛用于社会经济信息的评估监测领域，如对农业土地利用状况、农作物种植生产情况、矿产资源开发情况、交通道路建设情况以及环境保护和污染防治情况等进行的监测调查。此外，对地观测也是国防建设的重要内容，是部队准确了解战场地形环境和地貌特征、及时获取战场信息的重要方式，对提高我国国防现代化水平、保卫国家安全也发挥着不可或缺的重要作用。

2.中国的对地观测卫星

由于对地观测卫星对推动社会经济发展中的重要作用，我国航天科技人员从服务于社会经济建设的要求出发，研制了一系列不同用途的观测卫星。

返回式遥感卫星：1975 年 11 月 26 日，我国第一代返回式遥感卫星由"长征二号"运载火箭发射成功,至此,中国成为世界上第三个掌握了返回式卫星技术的国家。我国共发射了返回式卫星26颗,这种卫星是我国发射最多的人造卫星之一。

过去受照相技术所限,必须利用底片拍摄方式才能获得高清晰度的照片。因此,卫星完成拍摄任务后必须返回地面或用回收筒将拍摄底片送回地面,经底片冲洗后才能获得照

返回式卫星

片。各个航天大国都曾使用返回式卫星进行军事侦察或国土普查。现在可以从卫星上直接将拍摄的影像数据传回地面接收系统,返回式卫星也演变为需要回收实验品的空间试验室。我国先后对返回式卫星平台进行了多次改进,不仅有效载荷有所增加,卫星的在轨时间也大幅度延长。先后研制并发射了多种型号的返回式卫星以及"实践8号"育种卫星,掌握了返回式卫星的总体设计、制造、防热、大型试验、卫星发射、跟踪测控和卫星回收等各项关键技术,也为我国载人航天技术打下了坚实的基础。

"风云"气象卫星

在我国的返回式卫星技术中，510所为返回式卫星研制了雷达应答机，主要应用于返回式卫星的天地通讯，提供卫星状态信息，跟踪卫星返回位置，这也是510所最早研制的卫星设备产品之一。

气象卫星：气象卫星是对地球大气层进行气象观测的人造地球卫星，具有观测范围大、及时、连续完整的特点。气象卫星上面的遥感设备可以测量地球表面及大气的多种光辐射，然后将测量数据传送回地面，包括各种云图、地面及海洋气象信息，从而为分析预报天气变化趋势提供依据。

自1977年至今，中国一共发射了17颗"风云"气象卫星，形成了目前在轨运行8颗卫星的全球气象卫星星座系统，是目前在轨气象卫星最多的国家。这些卫星不仅服务于中国，而且为全球90多个国家和地区的2600多个用户提供气象卫星资料和产品。"风云"卫星也被世界气象组织纳入全球业务应用气象卫星序列。

微波成像仪是"风云"气象卫星上的关键设备，它的精度直接决定了对地遥感信息的精确性。而微波成像仪测温标定的基准设备定标源也是由510所研制的。

监测海洋

　　资源勘测卫星：资源勘测卫星是勘测研究自然资源的卫星。卫星上装载有多种遥感设备，如多光CCD相机、红外多光谱扫描仪、广角相机、高分辨CCD相机等，能够获得地球上各种资源的特征、分布等资料。对地壳结构以及埋藏的各种矿产资源、历史遗迹，还有森林、海洋、大气和农作物、牧区等生态状况都可以进行观测。

　　中巴地球资源卫星是我国和巴西联合研制的传输型资源卫星，结束了中巴两国长期依赖他国获取对地观测卫星数据的历史，也是我国航天事业进行国际合作的典范。

　　于1999年发射成功的"资源一号"卫星，是我国第一代传输型地球资源卫星。"资源"01星和02星涵盖可见光和红外的多个谱段，具有获取中等地面分辨率遥感信息的能力。"资源"02B星、03星和04星具有可见光全色高分辨多光谱以及红外等多谱段的综合遥感信息获取能力。

　　海洋监测卫星：海洋监测卫星与飞机、船舶、浮标和海岸观测站一起构成了海洋的综合监测系统，在开发海洋资源、维

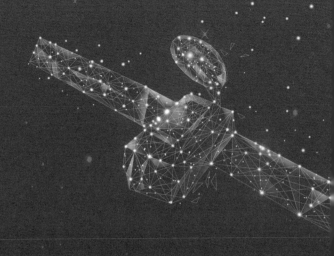

护海洋权益、进行海洋科学研究上发挥了重要作用。海洋监测卫星上装载有微波探测器、光学遥感器等对地观测设备，可以获得海面风力分布、海面高度、温度场及水色等丰富的海洋水文信息。

2002年5月，"海洋一号"A星发射成功，实现了中国实时获取海洋水色遥感资料零的突破。"海洋一号"A星主要用于探测海洋水色，例如泥沙含量、叶绿素浓度、可溶性有机物浓度等，从而获得诸如赤潮、海水污染以及海流等信息。以"海洋一号"A星为起点，中国提出了建立海洋水色环境系列卫星（"海洋一号"系列卫星）、海洋动力环境系列卫星（"海洋二号"系列卫星）、海洋监视监测系列卫星（"海洋三号"系列卫星）等三个体系。其中"海洋二号"于2011年8月发射，是中国第一颗海洋动力环境卫星。"海洋一号"C星于2018年9月发射。此外，我国与法国共同研制了海洋卫星，并于2018年10月发射成功。随着海洋系列卫星及地面应用系统的建设，必将为中国国民经济建设、国防建设和海洋事业发展做出更大贡献。

环境与灾害监测预报小卫星星座："环境与灾害监测预报小卫星星座"由卫星系统和地面应用系统等组成，可实现对中国和周边国家重大自然灾害的全天候、全天时、全动态监测和预警。这一系统由2颗光学小卫星和1颗合成孔径雷达小卫星组成，分别命名为"环境减灾一号"A星、B星和C星，首颗卫星于2008年9月发射，2012年11月建成，从而使我国拥有了全天候、全天时、大范围动态监测自然灾害、生态破坏和环境污染事件的能力。

"高分"系列卫星："高分"系列卫星是"中国高分辨率对地观测系统重大专项"中的主要组成部分，该系统基于卫星、平流层飞艇和飞机平台，形成"全天候、全天时、全球覆盖"高分辨对地观测系统，是《国家中长期科学和技术发展规划纲要（2006—2020年）》所确定的16个重大专项之一。2013年4月26日，首发星"高分一号"在酒泉卫星发射中心用长征二号丁运载火箭成功发射，全系统在2020年建成。

目前"高分"系列卫星已成功发射了多颗卫星，极大丰富了我国自主对地观测数据源，为现代农业、防灾减灾、环境监测、脱贫攻坚等领域提供了可靠稳定的卫星数据支持。其中，"高分一号"首次实现了同一颗卫星上高分辨率和宽幅成像能力的结合；"高分二号"是中国自主研制的首颗分辨率优于1米的民用光学遥感卫星，并具备全色光谱遥感能力；"高分三号"卫星是我国首颗分辨率达到1米的C波段多极化合成孔径雷达（SAR）卫星，有全天时、全天候的成像能力，无论白天或黑夜、晴空或雷雨多云，都可以随时对地成像；"高分四号"卫星是中国第一颗地球同步轨道遥感卫星，观测面积大，并且能长期对某一地区持续观测，也就是可以对地球某个地区长时间"凝视"，具备了对远洋大型船舶的快速侦察功能；"高分九号"卫星地面像元分辨率最高可达亚米级，主要应用于国土普查、城市规划、土地确权、路网设计、农作物估产和防灾减灾等领域，可为"一带一路"建设等国家重大战略实施和国防现代化建设提供信息保障。

"高分"系列卫星大大提高了我国对地观测能力，为社会经济发展和社会治理能力建设提供了有力支撑。如公安部利用"高分一号"卫星数据和"高分"专项先期攻关成果，在黑龙江、内蒙古、河北等地发现了多处罂粟种植区，在吉林、内蒙古等地发现了大面积的大麻种植区，在中朝边界、新疆发现数十条非法越境通道，在福建发现海上大型走私油库等。这些成果为公安部门执法提供了重要信息。

2015年8月3日，"高分"甘肃省数据与应用中心挂牌成立，

2010年8月7日舟曲泥石流灾害前和8日灾害后的卫星地图

该中心依托单位为甘肃省国防科工局、中国科学院西北生态环境资源研究院和510所。在国防安全、城市规划、交通物流、生态环保、现代农业等方面，为"数字甘肃"建设提供技术保障，为青海、宁夏等周边省份提供数据支撑服务。该中心成立以来，在九寨沟地震救援、祁连山生态环境监测以及其他自然灾害预警、精准扶贫、污染防治等都发挥了积极作用。

六、功勋卓著的东风航天城

　　前苏联宇航员加加林成功翱翔太空，标志着人类开始迈向太空时代。航天科技对推动现代社会经济发展的作用日益突出，航天科技也成为衡量一个国家科技发展水平和综合国力的重要因素。航天科技在我国科技发展战略中地位重要，是"国家高技术研究发展计划（863计划）"的重要组成部分。经过几代航天人艰苦卓绝的奋斗和不懈努力，我国航天科技取得了一系列重要成果。特别是2003年10月15日，我国首次载人航天发射任务取得圆满成功，航天员杨利伟乘坐"神舟五号"飞船进入太空，成为我国首位翱翔太空的航天员，自此中国正式跨入了载人航天强国的行列。"神舟五号"飞船是从酒泉卫星发射中心发射成功的。从1999年第一艘"神舟"飞船发射开始，所有的"神舟"飞船发射任务都是在酒泉卫星发射中心进行的，从而也使世人将酒泉与中国航天紧密地

中国酒泉卫星发射中心

筑梦太空

联系在了一起。

　　酒泉卫星发射中心是我国四大卫星发射基地之一，在共和国国防科研和航天科技发展史上创造了一系列辉煌成就。1960年11月5日，中国第一枚地对地导弹在这里成功发射。1966年10月27日，中国第一次导弹核武器试验在这里试验成功。1970年4月24日，中国第一颗人造卫星"东方红一号"用"长征一号"运载火箭在这里发射成功。1999年11月20日，"神舟一号"试验飞船从这里发射升空，拉开了中国载人航天计划的序幕。2011年9月29日，中国首个空间站"天宫一号"在此发射，并成功进入预定轨道。

　　酒泉卫星发射中心是中国创建最早、规模最大的综合型导弹、卫星发射中心，世界三大发射场之一，先后圆满完成了中国的第一枚地对地导弹、第一次导弹核武器、第一颗人造地球卫星、第一颗返回式人造地球卫星、第一枚远程弹道导弹、第一次"一箭三星"等发射任务以及第一次为国外卫星提供发射搭载服务和第一艘载人飞船发射工作等。2018年1月27日，酒泉卫星发射中心入选了"中国工业遗产保护名录"。

　　非凡的成就离不开数代航天人坚定的信念和细致的工作。

在一次导弹测试过程中，操作手王长山发现了一根不足五毫米的小白毛。对于这根肉眼几乎看不出来的小白毛，王长山丝毫不敢大意。他找来了一根猪鬃毛，用了半个多小时时间，终于从接口处将小白毛挑了出来。这让前来检查工作的钱学森非常感叹，他将这根小白毛要了去，并带回了北京，以后有机会就常给大家讲"小白毛"的故事。这个当年测试工作中的小插曲被一代代航天人传了下来，这种缜密细致的工作作风也被一代代东风航天人发扬光大，成为今天航天事业不断取得成功的重要保证。

"君不见走马川行雪海边，平沙茫茫黄入天"，而浩瀚无边的荒漠戈壁又映衬出"大漠孤烟直，长河落日圆"的壮观景象。唐代的边塞诗是古代戍边勇士壮怀激烈、建功报国之心的写照，但今天的一代代航天人用自己默默无闻的无私奉献铸就了护卫共和国的长天利剑。因此，这建于大漠戈壁之中的现代航天城也就具有了更多的独特意义。

酒泉卫星发射中心位于甘肃的酒泉市与内蒙古的阿拉善盟之间，

海拔1000米。酒泉卫星发射中心始建于1958年10月，占地面积约2800平方千米。这里地势平坦，人烟稀少，属内陆沙漠性气候，年平均气温8.7℃，相对湿度35%～55%，常年干燥少雨，春秋两季较短，冬夏两季较长，一年四季多晴天，云量小，日照时间长，每年约有300天可进行发射试验，为航天发射提供了良好的自然环境条件。

　　酒泉卫星发射中心位于甘肃河西走廊西部的戈壁滩深处，环境干旱，生活条件严酷。但这里地势平坦，人烟稀少，降低了火箭卫星发射对人民群众生产生活的影响。此外，酒泉卫星基地位于北纬39°，也有利于火箭的低耗能发射。1958年，由当时负责国防科技工作的聂荣臻元帅亲自选择将我国的第一个卫星发射基地建在这里，在当时的国际国内背景下，这也是保密工作的需要。20世纪60年代，发射基地与北京总部的通信代号为"东风"，因此到20世纪80年代发射基地对外公开时，这里也就有了"东风航天城"的美称。

　　酒泉地处甘肃省河西走廊西端，以"城下有泉"、"其水若酒"

中国酒泉卫星发射中心

酒泉十字街钟鼓楼

而得名，古丝绸之路在其境内绵延600余千米，是丝绸之路历史序列最为完整、遗存较为丰富的黄金段和重要节点城市。酒泉市内遍布风景名胜，敦煌莫高窟举世闻名，鸣沙山、月牙泉引人入胜。在酒泉，不仅可以置身大漠戈壁领略自然的雄浑壮丽，面对古代遗存感怀历史的沧桑变迁，而且更可以在酒泉航天发射中心目睹现代科技的巨大力量，感受中华民族实现伟大复兴"中国梦"的坚实步伐。经过半个多世纪的建设，今天的"东方航天城"犹如镶嵌在荒漠戈壁中的"绿色明珠"，每年有数十万人到此观光旅游，这里已成为认识了解新中国航天发展成就的爱国主义教育基地。

七、神奇的航天育种

太空育种是把普通种子送往太空，利用太空特殊的环境诱变作用，使遗传性状发生变异，再返回地面培育作物新品种的育种技术。

民以食为天，农以种为先。优良品种是保障农业生产的决定性因素，对提高农作物产量、改善农作物品质具有不可替代的作用。

目前，我国的绝大部分农作物新品种都是在常规条件下经过若干年的地面选育培育而成。我国航天科学家和农业科学家充分发挥自己的聪明才智，将航天这一最先进的技术领域与农业这一最古老的传统产业相结合，利用航天诱变技术进行农作物育种，对加快我国育种步伐，提高育种质量，探索具有中国特色的新兴育种研究具有十分重要的意义。

1.我国航天育种取得的成就

在航天育种领域，中国处于世界领先地位。

1987年8月5日，随着我国第9颗返回式科学试验卫星的成功发射，一批水稻和青椒等农作物种子被送向了遥远天际，这是我国农作物种子的首次太空之旅。当时搭载作物种子的目的并不是育种需要，而是开展空间环境对植物遗传性状影响研究实验的内容。但是，科学家们在实验中无意发现，上过天的种子中发生了一些意外的遗传变异，一些生长性状对提高作物品质和作物产量具有积极意义，因此，科学家开始考虑利用这种方式进行农作物育种。

到目前为止，我国利用返回式卫星先后进行了13次70多种农作物的空间搭载试验，特别是"863计划"实施以来，我国在航天育种关键技术研究领域取得了显著进展，在水稻、小麦、棉花、番茄、青椒和芝麻等作物上诱变培育出一系列高产、优质、多抗的农作物新品种、新品系和新种质，其中目前已通过国家或省级审定的新品种或新组合有30多个，并从中获得了一些有可能对农作物产量和品质产生重要影响的罕见突变材料。航天育种技术已成为快速培育农作物优良品种的重要途径之一，为提升我国粮食综合生产能力和农产品市场竞争力提供了重要技术支撑。

实施航天育种工程有利于在广泛开展育种实践的同时，充分加强航天育种应用基础理论的探索和研究，使育种实践和理论基础很好地统一起来,促进航天育种学的建立与发展。通过航天育种机理研究的原始创新和科学积累,可获得一大批突破性的农业新品种和具有我国自主知识产权的航天育种技术。这对于继续保持我国在该领域的国际先进性、创新性及航天育种产品开发方面的世界领先地位,推动航天育种高新技术产业发展具有极其重要的意义。

"实践八号"育种卫星是我国第一颗以空间诱变育种为主要任务的返回式科学试验卫星。卫星上搭载了粮、棉、水果、蔬菜、花卉等9大类2000余份种质材料,用于进行空间环境下的诱变试验。卫星还装载了多项空间环境探测装置,用于探测空间环境辐射、微重力和地磁场等环境要素,开展空间环境要素诱变育种的对比研究。

通过航天育种工程项目的实施,科技人员已取得了一批重要成果。如航天辣椒产量比原来增长了20%以上,维生素C以及其他营养物质的含量明显提高,而且口感和外观品质都表现良好,已为推广地区农民增收发挥了重要作用。

2.航天育种的安全性

经航天育种培育的作物品种对食用是安全的。在自然环境中,植物种子实际上也在发生着自然变异,只是这个变异过程极其缓慢,变异频率很低。早期的植物系统育种方法大都是对这种自然变异的选择和利用,实践证明是安全可行的。航天育种是人们有意识地利用空间环境条件加速生物体的变异过程,因而是一种人工变异。这两种变异在本质上是没有区别的。由于太空种子的变异基因还是地面原来种子本身基因变异的产物,并没有导入其他外源基因成分,此外,即使太空飞行归来非直接食用的当代种子,经严格的

太空，我来了

专业检测也没有发现任何放射性的增加。因此，食用太空种子生产的粮食、蔬菜等不会存在不良反应。

　　航天育种是航天技术与生物技术、农业育种技术相结合的产物，是综合了航天、遗传、辐射、育种等跨学科的高新技术。航天育种的特点是：变异频率高、变异幅度大、有益变异多、稳定性强，因而可以培育出高产、优质、早熟、抗病良种。

3.航天育种基地

　　航天神舟生物科技集团有限公司是中国空间技术研究院（航天五院）下属的从事空间生物产业的高新技术企业，业务领域包括空间生物技术服务、生物制药、生物保健品和航天育种。作为国家级高新技术企业，与北京市空间生物工程研究中心、钱学森空间技术实验室空间生物研究部、中国航天科技集团公司空间生物工程研究中心积极开展合作，是北京市生物科技国际合作基地，承担了国家973项目、国家自然科学基金项目、中俄总理级合作项目等近40项科研任务。初步建成空间生物实验服务平台和空间生物技术创新体系。

太空红钻

太空绿钻

太空黑钻 太空黄钻

太空雪

蜀葵

太空孔雀草

太空，我来了

太空金铃椒

航椒

太空鸡爪椒

太空五彩椒

太空小彩茄

航茄

太空大南瓜

今天，航天育种已落户陇原大地，诞生了天水神舟绿鹏农业科技有限公司和张掖神舟绿鹏农业科技有限公司。

玉米种子精选车间

天水神舟绿鹏农业科技有限公司是甘肃省农业产业化重点龙头企业，专业从事航天农作物新品种选育、制种、推广及产业化开发，现有通过航天搭载的蔬菜、粮油、花卉、牧草等14大类农作物1260个品系，形成了航天育种高效育种技术体系，已育成35000份稳定优异种质材料，育成了48个航天农作物新品种。育成品种经推广种植，产生的积极了社会效益和经济效益，为农业增效、农民增收做出了积极贡献。

张掖神舟绿鹏农业科技有限公司拥有经过航天搭载的农作物18个品系，选育成功育种材料800多份，与有关育种科研单位紧密合作，为航天育种建成了良好的研发平台。作为航天神舟生物科技集团有限公司航天工程育种产业链的重要组成部分，主要针对东北地区春播玉米和黄淮海地区夏播玉米的品种进行研发，建立玉米种质资源库，成为集团公司最重要的玉米繁育基地。

第四章

我们身边的航天科技产品

第四章　我们身边的航天科技产品

人无法直接脱离脚下的大地进入太空，必须借助必要的科技手段才能实现遨游太空的梦想，航天科技就是为解决人从大地进入太空的过程中所遇到的各种问题的学问，不可避免地要研究各种极限条件和太空环境中人的生理状况和保护生命安全的技术方法，从这一意义上说，航天科技也是有关人的生存的科学。

航天科技的发展使人类第一次能够从地球之外的视角看待自身与环境的关系，深化了人类对生存境遇的认识，直接推动了生态理论的产生和发展。同时，航天科技横跨基础理论研究领域和高新技术的研发应用，推动了一系列航天科技成果与社会生产生活的紧密结合。今天，在我们的身边就有许许多多由航天科技成果转化而来的日常用品，为我们的生活增添了便捷和舒适。也许你并不知道这些平常的生活用品与人类的航天活动有关，太空离我们很远，但航天科技离我们很近。

一、"吃喝"新方式

1.脱水的"新鲜"蔬菜

为解决在太空中遨游的航天员的饮食问题,科研人员研制了适应于太空微重力环境下食用的食物。最初的天空食物类似牙膏,需要航天员挤入嘴中食用,要让长期驻守在太空中的航天员每天面对这样的食物显然是很痛苦的,因此,航天食品不仅要解决航天员太空生活中的营养需求,还要能满足航天员的个人口感需要。为此,太空食品研发人员研发了特定的食品保鲜和加工方法,以满足航天员们在太空中对饮食丰富性和多样性的需要。

当美国航天员在国际空间站上品尝比萨饼时,中国的航天员也可以在"天宫"中用美味的蔬菜方便面满足自己对面食的喜好。人们的饮食习惯不同,对食物的喜好也不同。但要在太空中吃到"新鲜"蔬菜,这是需要很高的科技含量的。为制作方便面蔬菜包中的脱水蔬菜,太空食品专家专门研发了冷冻干燥技术。脱水蔬菜技术,是美国"阿波罗"登月计划时专门为航天员在太空中能吃上蔬菜而开发的。蔬菜的主要成分是水,蔬菜中水的含量一般达70%～90%。制作脱水蔬菜的冷冻干燥技术,就是利用升华原理,将含有水分的蔬菜冻结后,置于真空罐中,通过导热媒介辐射加热,使蔬菜中的水分升华,达到脱去水分、充分保留其他营养物质的效果,大大方便了贮存、保管和运输。

饮食消费是都市生活的基本消费方式之一。现代人不仅追求食物的营养、美味与安全,也为餐饮消费赋予了特定的文化内涵。人类进入高技术时代以来,高技术就成为一种特定的文化符号,对大众流行文化产生了深刻影响。同样,太空食品的科技感也成为时尚饮食文化的风向标,对社会大众的消费产生了影响。

今天,脱水蔬菜方便面已经成为人们日常生活中的普通食品,而且冷冻干燥技术也在食品加工领域得到了广泛应用。

应用冻干技术制作的美食

2.航天育种蔬菜

集航天技术、生物技术和农业育种技术于一体的航天育种技术是当今农业领域最尖端的技术之一。我国在航天育种技术领域走在世界前列，利用航天育种技术已培育出了太空苦瓜、太空黄瓜、太空青椒、太空西红柿、太空茄子、太空南瓜、太空大豆等作物新品种。

太空南瓜

航天育种可以大大加快育种的速度，提高作物产量和作物抗性，改良作物品质。此外，由于航天育种是农作物内源基因的改良，并没有外援基因的加入，因此也没有转基因食品存在的食品安全隐患问题。

今天，由航天育种培育的优质蔬菜已经为丰富人们的"菜篮子"发挥了重要作用。

3.过滤水技术

现在都市中很多人讲究用纯净水泡茶喝，这也是航天技术带来的福利。早在20世纪50年代，为了保证航天员在太空中的饮用水不含细菌，美国化学学会的研究人员开发出了一种新技术——反渗透净水技术。反渗透净水技术，可以将宇航员在太空生活中的尿液和汗液转化为可以饮用的水，实现水资源的循环利用。后来，为了使干净的水可以长时间保持清洁，美国航天局又对水过滤器进行了进一步改善，在过滤器内放入经过特殊处理的活性炭，以消除水中的病原体，抑制细菌的生长繁殖。现在人们家中安装的水过滤器就是利用了相同的技术原理。

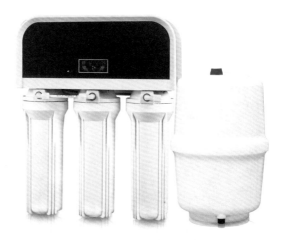

太空，我来了

二、公共服务便捷化

我国研制的各种应用卫星，已广泛服务于社会经济文化生活的各个领域。1984年4月8日，我国第一颗试验通信卫星发射成功。今天，我国的通信卫星承担了几十套电视节目、30多路对外广播的传输任务，使人们可以及时了解世界的变化，扩展了人们的视野。卫星通信技术为人们提供了电话通信、电视转播、天气预报、数据传输以及远程教育、紧急救援等上百种服务，大大提高了社会服务的便捷化程度，影响并改变了我们的生活方式。

1.天气预报

日子天天过，冷暖谁先知。天气变化与人们的生产生活密切相关，准确预报天气状况当然少不了气象卫星的重要作用。我国的"风云四号"气象卫星，利用太空中观察气象的不可比拟的优势，每天24小时拍摄云图，探测温度、湿度、风向、风速等气象数据，帮助气象学家进行天气预报工作，大大提高了气象预测预报水平。

卫星拍摄的台风云图

在我国，每年的自然灾害损失近千亿元。近年来，我国利用卫星遥感技术对台风、暴风雨、泥石流等自然灾害进行预报和评估，提高了社会防范能力，有效减少了人民生命财产的损失，为防灾减灾发挥了巨大作用。

2.卫星电视

世界杯、奥运会……卫星电视让我们足不出户，尽知天下事。

广播电视卫星是一种在地面站之间传输广播电视信号的轨道卫星，实际上它就是一个悬挂在空中的通信中继站。广播电视卫星居高临下，

卫星电视接收天线

可以避免地形、气候等因素对信号传输的影响，通过它转发广播电视节目，具有信号稳定均匀、覆盖范围广的特点，使人们足不出户便可知晓天下事，也让世界变成了一个"地球村"。

3.卫星电话

手机大大便捷了人们之间的联系，但使用手机难免会遇到信号不良或不在信号服务区的情况。而通信中继卫星，则为人们随时随地通话提供了充分保证，即使是航天员在太空也可以随时与地面人员进行通话。

"天通一号"卫星电话

卫星电话的通话信号传输与我们平时使用的手机并不相同。我们的手机大部分都是通过地面基站接收或发射信号实现通话信号传输的，而卫星电话是通过通信卫星对无线电信号进行放大和转发来实现信号传输的，它不受大气气流、天气状况、通话距离等条件的限制，传输质量高、稳定可靠。由于承担通话的卫星为地球同步轨道卫星，因而人们能在地球的任何角落进行通话联系。

"天通一号"卫星电话

在缺乏通信设施的偏远地区，例如沙漠、无人区以及海上船舶，卫星电话具有明显优势，特别适用于紧急通信、海上通信，对于野外地质勘探人员和偏远地区的救灾人员，或者在地面通信网络遭受破坏时可以发挥重要作用。

三、救死扶伤的"高精尖"设备

航天科技同样也在医学领域得到了应用，特别是对航天员身体状况的监测推动了一系列临床医学设备的研制，如新一代心脏起搏器、血液分析仪、红外线温度计等，为挽救患者的生命发挥了重要作用。

1.红外温度计

测量体温通常使用的是水银温度计,但用这种传统的温度计,不仅费时、难以辨认,而且在使用过程中还需轻拿轻放,防止破碎。

科学家发现,可以通过测量物体的红外辐射来间接测量物体的温度,天文学家就是应用这一原理来测量遥远天体的温度。美国Diatek公司受此启发,与美国航天局在过去30年里一直为喷气推进实验室工作,研究利用红外传感器观测太空中的天体,现在他们利用这一技术开发出了一种更为安全又能快速准确测量人的体温的温度计。这个温度计上有一个探头,检查时,要插入耳内通过感应耳膜放射的红外线,两秒钟就可以准确测量出人体温度。即使患者睡着时也可以测量。测量完成后,只需更换探头,还可以避免患者的交叉感染。此后科技人员又对这种体温计进行了改进,制造出了现在我们见到的非接触式红外温度计,只需将温度计对准人们的额头或其他部位,就可以将发热的病人识别出来。

2003年,面对突如其来的SARS病毒疫情,红外线测温计的大

红外线测温计

太空，我来了

范围应用为有效阻止疫情的蔓延发挥了重要作用。现在，红外线测温计已经成为保证公共安全的必备物品。

2.医学影像诊断技术

20世纪60年代中期，美国在准备进行"阿波罗登月计划"时，为了更加准确地分析月球资料，研发出了数字影像增强处理技术，后来也成为美国航天局地球资源探测卫星辨别地球表面特征的重要基础技术。此后，这项技术又被开发应用于医学影像设备领域，成为CT、核磁共振成像（MRI）等医学影像诊断技术的重要基础。

今天，医学影像诊断技术已经广泛应用于医院的临床疾病诊断以及生物生理病理研究领域，特别是对2020年爆发的新型冠状病毒肺炎病人的诊断中，CT影像成为临床诊断的重要依据之一，为疫情防控发挥了重要作用。

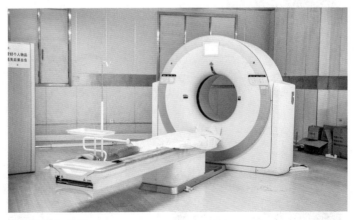

核磁共振扫描仪

3.心脏起搏器、人造心脏

心脏起搏器对挽救心脏功能障碍患者的生命、维持心脏正常的生理功能具有重要的作用。心脏起搏器问世于20世纪50年代，随着航天技术的发展，科研人员将人造卫星上的微型电路和镍镉电池移植过来，制成了可充电的埋藏式心脏起搏器。与早期外形较大的外用型起搏器相比，这种起搏器体积小，质量轻，而且可以从病人体外充电，减少了因更换起搏器给病人带来的痛苦，受到了心脏病患者的欢迎。

心脏起搏器

器官移植手术是拯救器官恶性病变和器官功能衰竭患者生命的主要治疗方法，然而，如果找不到合适的供体，患者面临的就将是死亡。2001年7月，美国肯塔基州路易斯市的一家医院为一位心脏病晚期患者成功换上了一颗人造心脏，这是世界上第一例成功的人造心脏移植手术。2011年，40岁的英国人马修·格林成为第一位植入人造心脏走出医院的病人。人造心脏比人的心脏稍大一些，质量不到170克，在背包携带的泵和电池的帮助下，将血液输送到全身各处。格林需要一直携带着这个仪器，直到找到合适的捐献者完成心脏移植。人造心脏的技术来源于航

人造心脏

天飞机的燃料泵技术，这种小型化的心脏泵已经为心脏病重症患者带来了新生。

四、温馨的母婴用品

1.尿不湿

尿不湿是常用的婴儿用品，但你知道吗，尿不湿其实也是一项航天科技发明。

在航天发展史上，并非每一个镜头都那么严肃庄重，有时也会出现一些让人啼笑皆非的画面。

1961年，苏联宇航员加加林就主演了一个很"冷"的故事。当时，他穿着航天服刚刚钻进发射舱，但此时突然感到尿急，只好又爬了出来，借助太空服里的一根管子解决了这个"急迫"问题。

还是在这一年，坐在飞船里遭遇发射"晚点"的美国宇航员艾伦·谢泼德也受到了相同问题的困扰。但他的结局比较尴尬，在指挥官的命令下，他只能将这份"压力"就地"卸"在了太空服里。

同样的尴尬一再上演。为此，被称为"航天服之父"的华人科学家唐鑫源决定找到解决办法。他发明了采用高分子材料制作的能吸水1400毫升的纸尿片，为航天员解决了这个难言之隐。

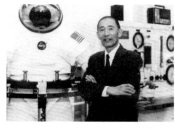

被称为"航天服之父"的唐鑫源

尿不湿

而这项技术后来转为民用，变成了人们熟悉的"尿不湿"，一次用完就可以扔掉，让年轻的父母们省去了洗尿布的麻烦。尿不湿也被人们称为纸尿裤，现在市场上有多种型号可供选择，不仅可供婴幼儿使用，而且也为大小便失禁的病人和行动不便的老年人解除了烦恼。

2.防辐射服

航天服是航天员进入太空时必须要穿着的装备。航天服为航天员提供了防辐射功能、保温功能和维持人体体表气压的功能以及其他保护功能。

其实在我们的身边，一直存在着各种辐射，有的是大自然本身就有的，如光辐射，也有些是人类制造出来的，如电磁波。

通常情况下，电磁波的频率越高，能量就越大，辐射就越大。真正会对人体造成伤害的是电离辐射。因为发生电离辐射时，高频辐射会使物质原子或分子中的电子脱离出来，使这些物质产生"电离现象"。人受到电离辐射后，会导致细胞损伤，也就对人造成了伤害。

防辐射服就是应用了航天服的防辐射技术，采用屏蔽纤维与纯棉纺织工艺，在面料内部形成屏蔽电磁波的环绕网状结构，保持了材质面料良好的透气性和舒适度，同时对人体无其他毒副作用。现在我们看到孕妇穿的防辐射服就是用这种布料制作的。同样，应用航天服的隔热、保温技术，我们冬季的服装变得轻便而又保温，夏季的服装则更加清爽且透气良好。

3.母婴营养强化食品

为让航天员在太空中能吃到新鲜蔬菜而发明的冻干技术，不仅被应用在食物保鲜加工领域，在母婴营养强化配方食品的生产中也得到了应用。

生产母婴营养强化配方食品的原料主要是新鲜水果、乳品等。通过冻干技术脱去水果、乳品等原料中的水分，再按一定的比例补充必要的营养成分，制作出来的营养强化配方食品营养物质含量更加均衡，还会在一定程度上增强食物的口味特点。

冻干豆就是利用冻干技术以新鲜水果和酸奶作为主要原料生产的婴童食品。对于母婴食品行业来说，冻干技术可以保留原料天然、营养、安全的品质特性，而且还可以使食品不再需要冷藏就能够得到长期保存。

随着冻干技术应用范围的不断扩大，母婴营养食品的种类也一定会更加丰富，并将越来越受到消费者的认可和喜爱。

五、引领时尚的数码产品

1.数字摄影

40年前，如果你家有一架海鸥双镜头相机是很了不起的，然而，人们现在更多的是使用集成了数字摄影功能的手机进行拍摄。

早在20世纪60年代，当时正值美苏冷战时期，为了获取对方的军事情报，他们都在自己的卫星上安装了照相机，当卫星掠过对方上空时，可以对对方的地面设施进行拍摄。但问题也随之而来了，当时的光学拍摄技术需要将拍摄后的胶片送回地面，经后期冲印后才能获得照片，因而每次卫星执行完任务都需要使用返回技术将拍摄后的胶片送回地面冲洗。这样做的成本无疑是很高的，不仅效率低下，还具一定的危险性。一旦出现失误，胶片落入到对方手中，就会成为对方进行外交攻击的

双镜头光学胶片相机

借口。如果能将卫星拍摄到的图像直接传送到地面接收中心，无疑是最好的解决办法。正是在这样的背景下，电子感光技术开始得到了重视和发展。

　　随着电子感光技术理论的发展，"CCD芯片（电荷耦合元件）"的研发取得了一系列进展。最初研制出来的感光元件成本十分高昂，只能应用在最有价值的领域。1969年7月，美国"阿波罗"登月飞船上的航天员在月球上拍下了数码相片，尽管那个时候专用于航天的数码摄影装置所拥有的分辨率还达不到30万像素，仍然需要使用感光胶片作为记录媒介，但图像信号已经能够通过卫星系统顺利地传送到地面指挥中心，这充分显示了数码影像技术重大的实用价值。

正在检查调适中的太空摄影装置

　　1975年，柯达研发了第一台数码相机，这台相机是一个实验品，只有100×100黑白分辨率，但它却预告了数码相机时代的到来。

　　1981年，索尼公司经过多年研究，制造出了世界上第一款采用CCD电子传感器作为感光部件的摄像机。紧随其后，日本、美国和欧洲的一些电子芯片制造商都开展了CCD芯片的技术研发，到1987年，卡西欧公司率先制造出

了用CMOS芯片作为感光部件的照相机。随着电子感光材料的技术突破,照相机迎来了一场新的技术革命。

如今数码摄影技术已经得到了广泛应用,数码相机也被集成到人们的手机中,使每个人都可以成为影像的记录者。从记录月球到记录普通人的生活,数码摄影为你我增添了生活的乐趣。

柯达研发了第一台数码相机

数码相机

2.能通话的耳机

月球表面没有空气,因此,在月球上声音是无法传播的。如何让登上月球的航天员实现通话功能,并且能够保持与美国航天局控制中心的联系也是美国"阿波罗计划"中的重要研究课题。

耳机发明于20世纪20年代。科研人员将耳机、微音器集成到航天员的保护头盔中,将声音转换为无线电波的方式实现了航天员在真空环境中的通话交流能力。

受航天科技的启发,20世纪60年代,美国航空业为飞行员开发了一系列舒适轻便的耳机。今天的耳机,已经从头戴式耳机发展出耳挂式耳机、入耳式耳机等多种类型。

今天,这些技术仍在以各种通信和电话设备的形式不断发展,专业商务人士和玩交互式视频游戏的消费者也都在使用这种灵活高效的移动耳机。

测试航天通话设备

耳机

3.烟雾报警器

烟雾探测器是一种典型的由太空消防措施转为民用的设备。20世纪70年代，美国航天局的工程师们设计了太空实验室，实验室里安装的都是价值昂贵的精密仪器和实验设备，一旦实验室起火，势必会造成无法估量的损失。为了保护太空实验室内的设备免于火灾威胁，必须为实验室配备能够实时监测和报警的高性能、低误警率的火灾传感器，在火灾初期即可及时发现，以便采取消防措施。于是，美国航天局和美国霍尼韦尔公司开展联合研究，为空间实验室发明了首个电离烟雾探测器，用于太空实验室和其他空间飞行器的舱内火灾报警。当报警电路检测到烟气的浓度超过设定的阈值时就会发出警报。

后来，美国企业家皮尔萨奥应用这一航天技术开发出了民用产品，不过实现的过程却颇为波折，整整历时了8年他才取得成功。他开发出的世界上第一款廉价家用烟雾探测器，采用电池供能，体积很小，贴在墙上就能使用，大受欢迎，成了美国家家户户必备的"守护神"。美国消防协会的统计显示，烟雾报警器让火灾导致的人员伤亡率降低了三分之二。为了表彰皮尔萨奥的贡献，1976年，时任美国总统福特还亲自给他颁发了"年度国家商业人物"奖。

烟雾报警器自诞生以来，已经在全世界拯救了无数的生命。如今，它已经成为建筑物中必备的消防设施，在商店超市、仓库、酒店客房、办公室以及其他许多场所都能看到烟雾报警器的身影。

烟雾报警器

六、绿色环保的清洁能源

1.太阳能电池

如今不少家庭都在自家建筑的屋顶装上了太阳能电池板，所发的电不仅供自己用，多出来的还可输送到电网赚钱。而太阳能电池技术的发展，也与航天科技有着不可分割的关系。

屋顶上的太阳能电池板

太空中的卫星、飞船和空间站要能持续获得能源，显然太阳能技术是一个良好选择。现在的国际空间站就应用了长度超过70米的太阳能电池板。

太阳能电池就是将太阳光转变为可存贮的电能的装置。在光照

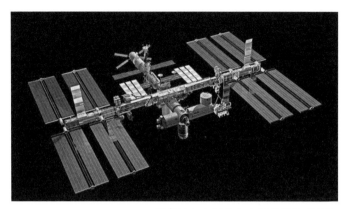

拥有巨大太阳能电池板的国际空间站

条件良好的地区，具有建设太阳能电站的有利条件。目前我国的太阳能发电站建设位居国际先进水平，特别是在西部地区，太阳能电站的建设已经取得了良好的社会效益、经济效益和生态效益。

2.燃料电池

20世纪中期，美国的载人航天及登月计划需要为飞船提供一种能长期、稳定供电的电源装置。普通的电池过于笨重，太阳能电池当时的效率又不高，最终美国航天局看中了燃料电池。

早在19世纪就有科学家提出了燃料电池的原理，但直到20世纪50年代它才变为现实。"阿波罗登月计划"采用的是一种氢氧燃料电池。氢和氧在催化剂的作用下发生化学反应，这个过程会输出电能，可以供飞船使用。采用这种燃料电池还有一个优点：它的反应产物是水，可以供航天员饮用。

如今，燃料电池正在成为一种新兴的能源装置。一些公司开发的试验性质的燃料电池可以让笔记本电脑运行较长时间，远远超过了目前的锂电池供电能力。更吸引人的应用是在新能源动力汽车领域。利用燃料电池驱动的汽车不会排放污染环境的废气，

太空，我来了

"阿波罗登月计划"所用的燃料电池

而且它的能源利用效率也更高。尽管燃料电池汽车还没有商业化，但它的美好前景还是吸引了许多科学家对其不断进行改进。

七、时尚潮流新装备

1.透明牙套

透明牙套，也叫隐形牙套，采用半透明的多晶氧化铝制成，被广泛用于牙齿美容矫正。这种透明牙套比传统的金属丝矫正要美观得多，所以深得青少年的欢迎。隐形牙套的材料是由美国航天局制陶研究中心与美国Ceradyne公司合作研制出来的。透明牙套是近几年在美国最先发展起来的，这种技术与以往的牙齿矫正方法区别很大。医生首先用计算机对患者的牙齿进行三维重建，分析哪些牙齿需要矫正，然后用计算机调整牙齿位置，再确定牙齿需要矫正的方式，最后按分步要求三维打印制作出牙套。患者通过佩戴牙套进行牙齿矫正，牙套包在牙齿上，对矫正牙齿有牵引力量，经过一段时间，可以逐步实现对牙齿的矫正。在使用透明牙套矫正牙齿的过程中，由于牙套为透明材质，

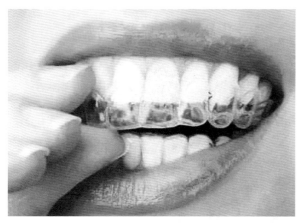

透明牙套

一般不会令外人觉察到牙套存在，避免了钢丝矫正器带给佩戴者的不自在感。

2.太阳镜

太阳镜最初是为防止航天员的眼睛被强光灼伤而发明的，如今已成为"时尚达人"的必备品。

第一副用于登月计划中的太阳镜，采用的是"飞行员"太阳镜。1969年，美国航天局的科学家詹姆斯·斯蒂芬斯和查尔斯·米勒采用了多彩的染料以及少量氧化锌，研制出了特殊的镜片，用来抵御太空中的强光。"阿修罗登月计划"成功后，给当时的时尚界带来了灵感。很快，就像电子合成器音乐、"银色太空装"一样，太阳镜成为当年的潮流和时尚标志，并影响至今。

3.气垫式运动鞋

你一定不知道，现在畅销全球的各种带气垫的运动鞋也得益于"阿波罗登月计划"。当时，科学家为了制造

登月靴

完整、厚度均匀还能耐受很大压力的航天服内胆，发明了一种新方法。他们把一团耐压软材料加热软化，然后放在模具中，再向这个模具中吹入高压气体，这被称为"中空吹塑成型"技术。

1977年，曾在美国航天局工作过的工程师弗兰克·鲁迪突发奇想，打算利用"中空吹塑成型"技术，将空气注入耐磨材料中，制成鞋底，从而使运动鞋具有减震功能。他把这个大胆的设想告诉了耐克创始人菲尔·奈特，得到了支持。接下来发生的事和大家知道的一样，气垫技术让耐克取得了世界范围的成功。而耐克气垫鞋作为高性能运动鞋的一个标杆，也成了全世界各个运动鞋厂商争相超越的目标，推动了运动鞋科技的蓬勃发展。

八、交通出行新方式

1.手机导航

在智能手机普及的今天，我们对导航和定位早已耳熟能详。无论我们在哪里，想去哪里，哪怕是完全陌生的地方，手机导航都会告诉你所处的位置，并且把你带到你想要去的地方，最神奇的是它还会为你的行程规划出最合适的路线甚至备选方案，避开拥堵或施工路段，帮你做到省时省力省心。手机导航以定位技术为基础，常用的定位方式有卫星定位和移动基站定位，而卫星定位是其中最重要的定位技术之一。

全世界卫星定位系统目前主要有美国的GPS、俄罗斯的GLONASS、欧洲的GALILEO和中国的"北斗"卫星导航系统。

"北斗"系统是最年轻的卫星导航定位系统。"北斗"系统组网完成后，包括5颗静止轨道卫星、27颗中轨道卫星和3颗倾斜轨道卫星，可实现面向全球的卫星导航服务。作为我国自主研发、独立运行的卫星导航系统，"北斗"系统打破了欧美国家对我们的技术封锁，实现了我国卫星导航技术的全面突破。

手机的导航功能源于内置的导航芯片，通过与导航卫星、移动基站的信息交换实现定位功能。手机导航给我们生活带来了许多便利。除了导航服务以外，与导航相关的电子栅栏、外卖配送、共享单车、滴滴快车等都对我们的生活产生了巨大影响，而这些服务皆是以导航定位技术为基础的衍生产品。科技进步不断为我们生活和工作带来便捷，也使我们在不经意间改变了生活方式。

基于导航技术的智能城市

2.高速铁路

近年来，我国制造业成就斐然。其中，高铁已成为我国的"名片"，享誉世界。我国的高铁不仅速度世界最快，而且内部的环境舒适度和噪音控制都走在世界前列。高铁上立硬币的视频红遍全球，甚至还有外国人亲自做过实验，我国高铁的稳定性让他们赞叹不已。

我国高铁的稳定性要归功于科技人员所研发的铁轨无缝对接技术，目前国外的铁轨还未能实现无缝对接，在铁轨的对接处存在一些微小的缝隙，所以当列车车轮运行到缝隙处就会出现轻微的震动而影响列车的稳定性。

我国高铁铁轨的无缝对接技术也来源于中国航天领域。航天器在发射前需要在实验条件稳定的超洁净室中进行组装，洁净室到发射架有相当长的一段距离，需要采用轨道车将航天器平稳地移运至发射架，这一过程必须要保证航天器和火箭的稳定，因此需要铁轨不能有缝隙，否则会产生对航天器和火箭十分不利的振动和冲击，为发射埋下事故隐患。为此，中国航天工程师们专门为航天器和火箭运送研制了无缝钢轨，用来保证运输安全。这一技术后来被应用于高铁技术中，保证了高铁列车高速运行时的稳定性。在航天技术的支持下，我国高铁技术享誉全球，也为人民群众交通出行的便捷化发挥了重要作用。

基于导航技术的智能城市

九、这些应用也让人想不到

1.微信"变脸"

微信是一款得到广泛应用的移动社交软件，2017年9月25日以前的用户可能会发现微信的启动画面在这一天曾发生过很大的变化。

变化前后的微信启动画面

2017年9月25日至9月28日，用户在更新微信后，重新启动微信时就会发现一个明显的变化——地球照片更加清晰、云层更细致，同时地球图片由非洲大陆上空视角变成了中国的上空视角。

微信原来的启动画面中所显示的是非洲大陆。这次变更的画面是"风云四号"卫星拍摄的画面，旨在向亿万微信用户展现华夏大地的山河风貌。

微信原来的启动画面采用的照片是由美国航天员从太空拍摄的，是美国航天局向全世界公开的第一张地球的完整照片，名为"蓝色弹珠"，这是人类第一次从太空中完整地看到了地球的全貌。

2016年12月11日，我国新一代静止轨道气象卫星"风云四号"首发星在西昌卫星发射中心由"长征三号"乙运载火箭成功发射升空。"风云四号"是我国新一代静止轨道气象卫星，在这颗卫星上搭载了全球首个大气垂直探测仪，是国际上首次在单星上同时搭载了多通道扫描成像辐射计和干涉式大气垂直探测仪，以一颗卫星实现了两颗卫星的功能，是我国气象科学领域的一项重大成就。因此，为了纪念"风云四号"取得的巨大突破，微信启动画面也首次进行了"变脸"。

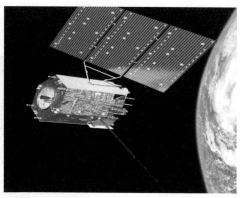

"风云四号"发射（张文军摄）　　　　"风云四号"卫星

2.定型摩丝

很多爱美的女性朋友也许不知道，其实她们引以为傲的发型，也沾到了航天科技的光。美国航天局曾开展了一项研究，通过增加陶瓷涂层，实现癌症病人所用释药微囊剂的精密活化。法罗可·沙米受此技术启发，将这一技术用在了自己的美发产品中。沙米发现，这种特殊陶瓷涂层衍生出的产品，在加热时会释放负离子，对卷发大有好处。此外，喷发定型摩丝也是应用太空医学领域中的外层覆膜技术的成果。这种覆膜技术主要成分是丝胶，它是包覆在蚕丝丝质外层的胶体蛋白质，丝胶在头发表面形成一定强度的膜，能让头发持久定型。

定型摩丝固定发型

3.防护漆

　　航天装备一般要经历地面、发射、飞行、在轨运行等过程，所处的空间环境变化剧烈、非常复杂，除受到地面风吹、日晒、雨淋和海洋盐雾等影响外，还将承受包括高能电子流、高活性原子氧、太阳紫外照射、温度交变循环、陨石和空间碎片冲击等威胁。所有这些不利因素都对航天装备材料提出了苛刻的要求。为了克服这些不利影响，航天科学家运用外层涂覆技术给航天装备穿上了一层防护外衣，提升航天装备环境适应性和耐久性。

　　现在建筑物外面都会敷设保温层，也就是外墙保温材料，大多情况下这种保温层使用的

是泡沫塑料，但这种材料不利于建筑物防火，且使用寿命也很短，一般仅有25年。航天涂层具有耐高低温、作用持久等特性，用于建筑物外层保温再合适不过了，不仅保温隔热性能优越，而且具有厚度薄、质量轻的特点，使用寿命更是可达75年之久。采用这种材料，夏天可降低室内温度7℃以上，冬天可提高室内温度2℃以上，且具有反紫外线和防火等功能。目前这种技术已经在武汉等城市中得到了应用，防暑降温和保温隔热效果突出，具有十分广阔的市场前景。

第五章

体验太空生活

第五章　体验太空生活

工业革命以来，伴随科学技术的迅猛发展，人类生产力达到了前所未有的高度，拥有了认识自然和改造自然的巨大力量。人类的活动范围不仅扩展到地球的每一个角落，而且借助科技手段，人类探测的目光已经伸向宇宙深处，对头顶太空的认识能力已经大大提高。

从古至今，人类一直拥有飞向太空、探索宇宙奥秘的梦想。然而，人是大地之子，脱离地球的生态环境，人在太空中是无法生存的。

载人航天科技的发展，使人类的足迹开始迈向地球之外。然而，从脱离地球到跨越茫茫的太空显然并不是一件容易的事情，要想实现"星辰大海"航天梦想还必须付出艰苦的努力。

一、对抗地球引力

当我们向上扔一个小石子时，即使将这个小石子扔得很高，但它还是要落到地面的。是什么使物体拥有向下的力量？即使是我们想要克服这种力量，努力向上跳起时，也只能跳起到有限的高度，就连最优秀的跳高运动员，能跳过的高度也不过2.5米。又是什么力量使我们必须落回地面？这样的现象太司空见惯了，人们自古就认为这是最自然不过的事情。

对这类问题直到牛顿力学诞生时才得到了解答。当一个苹果落到在树下思考问题的牛顿头上时，让他发现了宇宙中无处不在的引力现象。他在《自然哲学数学原理》一书中指出，任何两个物体间都有相互吸引力，引力的大小跟它们的质量成正比，而跟它们之间的距离的平方成反比。地球上的人和物体都与地球间存在着相互吸引的引力，由于与地球的质量相差过于悬殊，因而地球对其他物体引力很大，而使其他物体总是受到地球的吸引。正是有这个引力，使我们在快速奔跑时也不会脱离地面飞到空中。因此，要想离开地面，首先就要克服地球引力。

鸟能在空中飞翔，是因为鸟可以用翅膀形成的空气浮力来抵消地球引力飞到空中，但鸟飞的高度同样有限，无法飞到地球的大气层之外。人们从观察鸟的飞翔中获得了启发，发明了飞机，但飞机同样也是利用空气的浮力才飞起来的，因此，飞机也不能飞出大气层。

被称为"火箭之父"的齐奥尔科夫斯基提出了用火箭作为实现飞向太空梦想的方式，并对火箭摆脱地球引力所需要达到的飞行速度进行了计算，其中，让物体离开地面实现环绕地球运动需要达到7.9千米／秒，这一速度被称为第一宇宙速度，而要让物体摆脱地球引力的束缚飞向太空深处，则需要达到11.2千米／秒以上，这一速度被称为第二宇宙速度。

　　人类对太空环境的认识还十分粗浅，虽然人类目前已经在载人航天领域取得了许多成就，但是载人航天科技的发展就是一个在艰险中不断探索和付出的过程。

　　太空并不具备人类生存的条件。太空中没有空气，温度又极低（太空的平均温度是–270.3℃），而且还存在极强的宇宙射线，因此，为保障航天员的生命安全，必须对航天器和火箭发射技术进行必要的技术验证。例如，面对太空的高真空环境，如果航天器稍有泄露，就会使航天员因缺氧而面临生命危险。同样，如果航天器的保温性能出现问题，也会让航天员遭遇极低温的威胁。太空中的航天器还会受到各种宇宙射线和陨石碎片的影响，而在返回阶段，如果航天器的耐高温材料出现问题，航天器会因与空气剧烈摩擦产生极高温而被烧毁，这也会使航天员面临生死考验。为此，航天技术人员采用动物替我们人类进行太空环境检测和技术验证实验。

　　第一个进入太空的地球生命是一只名叫莱卡的小狗，它乘坐带有生命保障系统的"人造地球卫星2号"进入太空。由于卫星只带有有限的氧气，同时没有再入返回系统，因此莱卡的飞天之旅注定是一场有去无回的悲剧。莱卡在轨道上飞行了4天后因氧气耗尽而死亡，它留在座舱内，围绕着地球转了2570圈后，随卫星再入大气层中焚毁而永远留在了空中。

第一个进入太空的地球生命——莱卡

小狗莱卡是人类的朋友，它替人类完成了第一次太空飞行，人类将永远怀念它。

　　后来，美苏两国又相继将猴子、黑猩猩等灵长类动物送入太空。这些动物试验为人类进入太空积累了极其宝贵的经验，对降低载人航天的技术风险具有十分重要的意义。

　　由于地球的重力加速度近似是一个常数，相应的，我们每个人和物体受到的地球引力就取决于我们自身的质量。也就是说，质量越轻的人越容易离开地球，因为同样的推力所获得的加速度更大，这就是我们看到航天员们的"块头"都不太大的原因。

　　今天，当我们乘坐动力澎湃的大扭矩超级跑车进行百米加速测试时，在启动后最初的几秒钟内，我们会感到身体被一股力量紧紧地压在座椅上，这就是加速度带来的体验 —— 推背感。当然，高速列车的速度更快，但由于考虑到乘坐的舒适性，它的加速度是均匀的，因此推背感并不强烈。

超级跑车　　　　　　　　　　　　　　　　　　高速列车

　　目前，超级跑车和高速列车所产生的加速度都是在地面水平方向的运动现象。而要进入太空，所需要的加速度则要远远大于重力加速度，我们才能对抗地球引力。因此，在加速离开地球的上升过程中，航天员会感受到大大超过自己在地面时自身体重的力量，这就是超重现象。

二、不一样的受重感觉

将航天员送入太空要经历复杂的过程，在这一系列的过程中，航天员会感受到与地面完全不同的受重感觉。

在载人飞船的发射准备阶段，航天员进入飞船后，必须用交叉式安全带把身体牢牢地固定在座椅上。这时，航天员的身体是斜躺的，可以很轻松地看到自己的腿和膝盖。

当发射倒计时开始时，即使是最有经验的航天员也会感到高度的兴奋和紧张，好像只能听到倒计时的指令声和自己心跳的声音，思维也仿佛凝固了一般，但这种状态很快就被火箭点火时的震撼所打破。

当指挥长发出点火指令后，在飞船座舱内的航天员忽然会有身处寂静之中的感觉，然而瞬间过后，身下的座椅便突然剧烈地震动起来，若不是被安全带紧紧地束缚着，人也许都会被颠起来。这时，火箭底部喷出的火焰冲向地面，吹起大量的烟尘，如洪水般向四周弥漫。伴随着火箭发动机地动山摇的轰鸣声，火箭开始从地面慢慢升起。座舱内航天员身下的座椅仍在剧烈地抖动着，而航

火箭发射

天员却深陷在座椅中，从头到背、从腰再到腿，都结结实实地压在座椅上，完全动弹不得，原本弹性的座椅也变得硬梆梆的，失去了舒适感。此时，航天员会感觉到前胸和后背好像压了块大石头一般，心跳加快，全身发热，眼睛似乎也要胀出眼眶，同时嘴里发干，全身充满了沉重感。随着火箭速度不断加快，这种沉重的压迫感也在不断增强。对普通人来说，这种感觉有点像在飞机起飞刚离开地面时，或是游乐场里的过山车从低处迅速爬升到最高点时所经受的感觉，只是航天员经历的超重感会强烈得多，而且持续的时间也更长。因此，航天员必须通过严格的训练，才能承受这种严酷的超重过程。

在载人飞船上升的过程中，会依次抛掉助推器及火箭下端的各级段，当飞船到达距地面100千米的大气层边缘时，随着末级火箭发动机关闭，推力消失，航天员会感到身上的压迫感也消失了，而且连身体也仿佛失去了重量，有种被抛在了空中无边无落的感觉。此刻身体又有了新的不适感，胃里的食物似乎要向上涌，头感

太空，我来了

觉到沉重。与此前的状态相对应，这种现象被称为"失重"。处于失重状态的航天员几乎感觉不到自己的体重，同样飞船上的物体也会因失重而"漂浮"在空中，因此，航天员同样需要经过相应的训练才能适应太空中的失重状态。

三、特殊的训练

航天员进入太空，首先面对的是太空舱封闭狭小的活动空间，同时能够经受发射和返回过程中超重的考验，要承受噪音、振动等多种环境因素的影响，还必须在太空失重的生活和工作环境中，准确地进行各种复杂操作和完成科学实验，这就要求他们必须具备良好的身体素质和心理素质。

航天员一般都是从飞行员中选拔出来的，他们要在3～5年的训练中完成基础理论学习、体能素质训练、太空环境的适应性训练和其他专业技术训练，这些训练共包括九大类百余项科目的内容，以使他们能够全面掌握航天飞行的系统知识，了解航天器的工作特性，熟练运用载人飞船的检查、操控以及故障排除和应急处置的技术方法，具备强大的应变能力和生存能力。

航天员是太空时代的"船长"和"领航员"，要成为一名优秀的航天员，必须通过严格的选拔和长期的艰苦训练才能实现。但普通人进入太空显然就不能像选拔航天员那样要求严格。就目前载人航天技术的发展现状而言，普通人进入太空还是需要通过四项考验：一是能适应微重力环境对人体的影响；二是能承受发射和返回过程中的超重负荷；三是能接受狭小活动空间的不适感；四是符合航天活动对心理素质和身体条件的要求。因此，并不是每个怀有太空之旅梦想的人都能够实现自己的愿望。普通人要进入太空，首先必须身体条件合格，然后还要进行一段

时间的封闭训练,学习太空飞行的基本知识和安全规范,锻炼体能,使身体和心理都能够承受太空飞行的考验。封闭训练约需半年时间。

随着航天新技术的应用,太空飞行也越来越舒适了,对人体的限制要求也在不断降低。比如航天飞机就已经把飞向太空的超重降低到3个重力加速度的水平。航天飞行要求乘员不能有血液、心脏、运动方面的疾病,另外对身高、体重、视力也有所限制,这些要求有点像蹦极运动,患有高血压、心脏病的人,甚至高度近视者都不能参与。不过随着技术的发展,航天飞行的限制标准会逐步降低,也许在不久的未来,人们就能像坐飞机一般去太空旅行了。

目前对太空游客的身体要求一般会参考任务专家的身体标准。任务专家是和飞行实验任务有关的专家,他们进入太空的主要工作是完成科学实验,所以身体标准也就相对有所放宽。

太空游客不仅需要学习基本的太空知识,还必须接受必要的心理和体能训练,以自如应对太空飞行中的特定环境影响和过程状态变化。在体能训练中包括一些针对性的体验感训练,如体验发射时的震动以及超重、失重等状态。

训练的设施有冲击塔、高压氧舱和中性浮力水槽等。其中，中性浮力水槽也叫失重水池。训练人员在穿着航天服的情况下进行一定的配重，模拟出类似太空失重状态下的漂浮感，使受训人员掌握失重状态下的运动特性和姿态控制，可以获得逼真的训练效果。

四、太空旅游还有多远

随着技术的进步，太空旅游的种类越来越丰富，对人的身体条件限制和消费能力的限制也越来越小，只能由少数航天员从事的太空科学探索也逐步衍生出了太空产业的新业态——太空旅游。太空旅游既是一个与太空科技紧密相关的新型旅游产业，同时又是一个资本密集型的新兴技术产业，对催生航天科技民用化和旅游消费升级都具有积极的意义。2018年5月，中国首枚民营商业火箭升空，也许用不了多久，能为社会成员所接受的太空旅游新方式就将在中国落地。

目前与太空相关的旅游方式有五种。第一种是地面的参观、模拟和体验旅游，例如去发射场看火箭发射，或者去着陆场看飞船返回，去航天员训练场地观看训练，与航天员通话，去飞船或空间站的研制厂房参观试验设备，观看载人月球探测成果展等，还可以做关于发射、太空超重与失重的模拟体验等等。

第二种太空旅游的方式就是飞机的抛物线飞行，可以体验到失重和超重状态，游客能够感觉到比较接近在太空中的感受，但是对身体条件有一定的要求，而且费用也比地面的体验要高。乘坐支线飞机（如美国的小型失重飞机T-33和F-104、大型失重飞机KC-135和PC-9，俄罗斯用伊尔-76改装的大型失重飞机，法国的"快帆"和A300，中国歼教-5改装的小型失重飞机等）体验失重、超重感觉，费用约5000美元。

第三种是高空飞行，实现这种旅游的飞机有俄罗斯的高空高速战斗机，它可以搭载游客飞到距地面18千

飞机体验失重

米的高空，体验身处极高空才有的感觉，能看到脚下地球的地形曲线和头顶黑暗的天空，体会到远离大地的无边无际的空旷感，费用预计1万美元以上。

第四种是亚轨道旅游，这可能会成为近期最成功的太空旅游方式。因为亚轨道飞行比较接近真实的太空环境，另外它的费用又比真正的太空之旅要低很多，所以有很大的商业价值。美国私营载人飞船"宇宙飞船1号"和俄罗斯计划研制的"C-XXI"旅游飞船就是从事这种飞行的典型工具，亚轨道旅游的失重感更强，而且持续时间比飞机要长。亚轨道飞行可以让人感受到几分钟的失重，而且还能看到近5000千米的地球弧线表面。比如维珍公司的"太空船2号"会飞到100千米以上的高空，大约能体验5分钟的失重，但费用预计在10万美元以上。

太空，我来了

　　第五种就是真正意义上的太空旅游，这种旅游方式可以让游客体验到从地面到达地球轨道、行星轨道以及更远的太空并安全返回的全过程。不过目前即使是航天员也还没有到达比月球更远的地方，所以现在轨道旅游主要是指游客到达近地轨道的旅游项目，离地高度在500千米以内，可以采用俄罗斯的"联盟"系列飞船，必须使用火箭发射来突破第一宇宙速度。这种旅游项目目前价格非常昂贵，平均每人2000万美元以上，并且还没有开发出一些必要的旅游设施，比如更加舒适的往返交通工具和太空生活条件。

　　不过轨道旅游正在发生积极的变化。比如美国快速推进的"商业乘员开发计划"，目的就是要推动更多的"太空巴士"涌现出来，如波音公司的CST-100飞船，还有轨道科学公司的"天鹅座"飞船，后者已经成功实现了与国际空间站的对接。

　　除了上面提到的5种太空游，还有各种新型太空旅游正在研究实验。例如犰狳公司的极限运动设想 —— 太空跳伞，游客从35000米高空的飞行器中跳出，最初以每小时4000千米的速度下落，这是真正的自由落体运动，当下落到一定高度后会打开减速伞，将时速降到190千米，当距地面2000米高度时，主降落伞打开，最后安全落地。整个过程大约需10分钟完成。

极限跳伞

另外还有一些科学家在探索用纳米材料制造"太空电梯"。"电梯"吊索的一端固定在陆地或海面的平台上，另一端则固定在距地面约3.6万千米与地球同步飞行的航天器上，目的是实现人和货物在太阳能驱动的"电梯"中上升或下降，从而大幅降低负载的运送成本。"太空电梯"的设想如能实现，太空旅游将真正成为大众化的旅游项目。

太空电梯设想图

五、"食"在太空

　　太空中的微重力环境，对太空食品不仅有营养组分方面的要求，而且还有一些其他的特定要求。比如不能太干，不然难以吞咽下肚，但水分又不能太多，否则会四处飞溅，而且也没有了咀嚼食物的乐趣。

　　在载人航天发展的早期阶段，太空食品非常单一。那时的太空食品基本上像糨糊一样，吃的时候需要从像牙膏一样的管子中挤到嘴里。肉类被压缩成小肉丁，入口后需要用唾液慢慢软化后才能咽下去。而且这些食品淡而无味，如果没有看食物说明，都不知道自己吃的是什么。糟糕的饮食让航天员难以忍受，甚至使人失去了对食物的兴趣。因为那时的航天医学家们认为，在太空失重的状态下，人对食物的咀嚼和吞咽会很困难。然而经过后来的实验证明，当初的许多顾虑完全是没有必要的，这才使太空食品得到了大幅度的改进。

目前的太空食品大体上有五种。第一种是普通的罐装食品，如鱼、布丁等；第二种是低水分的食物，如各种水果干等；第三种是脱水食物，需要加水后才能食用；第四种是各种普通食品，如新鲜的水果、蔬菜、面包等；第五种是粉状饮料，如各种即

太空的各种罐装食品

冲即饮的果汁粉。

现在只需要将普通食品进行冻干处理或重新包装在食品盒中就可以做成太空食品。食用这类食物，需要先向食品盒里加水，然后加热后就可以食用了。脱水食物的制作比较复杂，因为先要将食物烹调好，然后才能进行冻干处理脱去水分。早期的航天器中没有冰箱，现在虽然为航天器安装了冰箱，但大部分也用于保存实验物品。在太空中用冰箱保存食品目前看起来仍然

是"奢侈"的,所以航天员进入太空的头几天还有新鲜食品可以食用,以后就只能吃冻干食品了。

在太空中,人体免疫力会下降,所以食品加工和包装过程中的卫生要求非常严格。最后的封装过程是在洁净室进行的,工作人员要"全副武装",无菌操作,就如同医院的手术室一般。由于氧气会导致食物腐败变质,还要用氮气冲洗掉食物中残留的氧气,然后才能进行真空密封。

在太空中准备吃饭时,先要用注射器往食品盒里加水,之后需要对食物加热约30分钟。此外,在航天器中水温不能超过70℃,所以太空面条必须在70℃水温下能够泡软。

在太空中吃饭时,可以像地面一样把食物直接送到嘴里,但这样经常会出状况,比如送到鼻子或者下巴上。这是因为在失重环境中,人类耳蜗中的位置感受神经会失灵,而且手的动作也不如地面时灵活。太空中的航天员发明了像鱼吃东西一样的方法,先将食物放在空中,然后再吃入嘴中。在太空中吃东西与地面最大的不同点是,咀嚼食物时必须要闭着嘴,否则食物的碎屑就会四处飘飞了。

为了改善航天员们的生活条件,国际空间站重新"装修"了厨房,还专门配了一个冰箱。航天员们日常饮品以脱水饮料为主,但脱水后的饮料再重新加入水,口感会改变。由于酒精易于引起燃烧,太空中的航天员是禁止饮酒的。

中国的航天食品现在已经有近百种,航天员可以在太空中吃到自己喜欢的家乡菜,如鱼香肉丝、宫保鸡丁等,这可是让外国航天员羡慕不已的事情。

六、不寻常的太空生活

太空中的生活肯定没有地面上丰富多彩，为活跃气氛，航天员们有时会故意制造一些"意外"，添加一份快乐。他们从专门的饮料袋中挤出几滴饮料，呈球泡状的饮料液滴随即悬空飘散，四处乱飞，几名航天员也飘在空中，四处追着去"吞食"这些液滴。

最初的水一直是从地面运送上空间站的，这也是货运飞船的重要任务，因此货运飞船每隔一段时间必须发射一次，而且必须保证发射和对接完全成功。但是，发射到太空中的每升水成本高达数万美元，如此高的代价，迫使科技人员发明了"太空循环水"，就是把航天员的尿液、汗液、洗澡水收集起来，通过水循环处理装置处理后，变成饮用水。这个过程经过了蒸馏、过滤、氧化、电离等多道程序，饮用标准和地面完全一致。和地面上的纯净水略有不同的是，为了控制水中的微生物含量，在处理时向水中加入了碘，因此处理后的水会有一点轻微的碘酒味儿。这种水处理设备成本很高，但可以基本保证饮水供应，而且不用再把尿液带回地面处理了。

饮水的问题解决了，但在太空怎么上厕所呢？在太空中上厕所，这可是一个技术活儿，需要练习。首先上厕所必须要固定住脚和下半身，否则万一脚下或下肢一用力，在失重状态下，人可能就不能"坐"在

太空厕所

马桶上了。还有就是太空中厕所的水不会往下流，要是厕所里的水都飘出来，那对航天器也是一场灾难。太空厕所使用的是"抽气马桶"，用抽气机将大小便都抽走。不过这需要航天员进行必要的适应性训练。使用马桶时，人要坐正，臀部紧贴马桶边缘，使马桶形成密封，而且对准抽气口，抽气机才能发挥作用。

　　在太空中睡觉也与地面不同。太空中的睡姿可以随便调整，航天员可以飘在空中睡，甚至可以倒立着睡，因为在太空中是分不出上下左右的。不过在太空中睡觉还是需要适应一段时间的。为了避免航天员在睡梦中出现意外，国际空间站上有为航天员准备的"太空睡袋"。航天员可以在舱内找个地方，比如在舱壁、地面或天花板上，将睡袋固定住，剩下的就与地面一样了，脱掉外衣和鞋子，钻进睡袋，把拉锁拉到胸口，露出脑袋，系上安全带，就可以安心地睡觉了。睡觉时，手最好不要放在睡袋外面。曾经有个俄罗斯航天员睡觉时将手放在睡袋外面，结果早上醒来的时候被飞向自己的两只大手吓了一跳。因为手臂也会飘在空中，而且自己可能会完全感觉不到，万一碰到什么设备开关之类的就危险了。许多航天员在太空中睡觉开始会很不

太空，我来了

正在太空飞船中睡觉的航天员

习惯，感觉像是"悬"在深渊里，有一种恐惧感，所以需要一个适应过程，等航天员习惯后，他们还特意只用一根绳子将睡袋松松地固定住，然后享受飘在空中睡觉的感觉。

　　航天员在太空睡觉时一般会带上眼罩，因为太空中的昼夜感与地面完全不同，飞船24小时内会经历多次的日出和日落。

　　在太空中的个人清洁卫生也与地面上完全不同。在太空中航天员每天只能用湿毛巾擦脸和擦手，刷牙时要用毛巾或纸巾包住嘴才能将牙膏的泡沫吐出。在太空中洗头就比较困难了。先要从水袋中慢慢倒水，在头发上做出一个大水泡，然后加入洗发剂轻轻揉搓，动作必须要非常轻，不然水珠就到处飘散了。洗澡就更不容易了，必须在一个封闭的容器里进行，有点像地面的淋浴房。洗澡时必须先把脚固定在地板上，防止身体翻滚，而且还要防止吸入水珠或洗发液呛到气管导致危险。早期的航天器，因技术所限，航天员在洗澡时，为了避免发生危险，还要带上呼吸罩和护目镜呢。后来结合航天员的使用经验，对空间站上的洗澡设施进行了改进，设立了上面喷水、底下抽气的装置。现在航天员在空间站上洗澡与地面上的感觉相差不多。

　　在太空中理发是一件非常麻烦的事情，需要两个人密切配合。被理发的人要手持吸尘器,将剪下的头发及时吸走。由于费时费力,所以很多航天员都愿意留短发,这样洗头、洗澡都很方便,也不用经常理发。

太空为微重力环境,航天员在吃饭、理发、洗澡等过程中,总会有残渣或碎屑飘到空中,这些东西是不会落下来的,那就得对飞船舱内进行大扫除了。清洁工作的主要工具是湿布和吸尘器。如果飘在空中的脏东西比较多时,航天员还要戴上口罩、手套,穿上罩衣,防止将垃圾吸入呼吸道。

国际空间站安装有"电子鼻",它能探测出氨、汞、甲醇、甲醛等

天空实验室封闭的洗澡容器　　天空实验室上的航天员在理发

有害化学物质,只有发现有微量的有害物质存在,它就会报警。一般情况下,太空舱内的空气总是新鲜的,因为空气过滤系统会不停地工作,去除掉舱内的异味和细菌。

在太空中容易发生肌肉萎缩、骨质疏松以及心脏功能降低等问题,经过多年研究和实践,航天医学家发现最有效的解决办法就是进行体能锻炼。如果不坚持锻炼,人的肌肉没有了任何负载,处于完全的休息状态,这种情况只需2~3天,航天员回到地面时就会站不住了。航天员一般每天坚持锻炼两个小时。早期的航天器为航天员提供了拉力器、自行车装置等,现在已普遍采用了阻力对抗式设备和"太空跑步机"等健身器材,与地面的锻炼方式接近。但为了避免在锻炼时"飘"走,航天员在训练时会用弹力束带把自己"拴住"。

七、太空行走与返回阶段有危险

太空行走又叫出舱活动。太空行走要经过气闸舱，并借助安全带、机动装置或机械臂等进行移动。最关键的是，出舱要穿航天服，它是保护航天员的唯一工具。航天服结构复杂，从里至外一共有14层。它像一个微型的、临时性的太空舱，不仅为航天员提供必要的生命保障，而且还提供了通信、照明和摄像等功能。此外，航天服还要和安全带、舱外固定器、机械臂等完全匹配。

返回阶段是载人航天过程中风险最大的一个阶段。航天史上的很多事故都发生在返回阶段，牺牲的航天员也最多。经历了太空失重环境之后，人的承受能力会变弱，即使正常的重力也会让人感到无比沉重。返回的过程远比发射阶段要惊心动魄，飞船要以20多倍音速进入大气层，飞船因与空气剧烈摩擦而产生几千度的高温，可以从舱内看到舱外的烈焰。飞船高速进入稠密大气层时，会产生巨大的冲击，仿佛飞机迎面撞上了高山。而在落地的瞬间，虽然降落伞已将落地速度降低了很多，但和地面接触时仍然令人难以承受。

2003年5月，美国航天员在太空工作6个月后，乘坐"联盟"TMA1飞船返回。但返回过程中，飞船出现了故障，超重载荷达到了8个重力加速度，而且飞船偏离了预定着陆地点450千米。当航天员们从返回舱爬出时，由于偏离距离太远，无法联系上指挥中心，他们只好在哈萨克大草原上爬行了一个半小时，才与指挥中心取得联系，又等待了1个小时，救援飞机才找到他们。

所以，航天器在设计上，会尽可能采取备份措施，以保证可靠性。同时还有一些专门应对意外情况的措施。比如发射前，一旦出现问题，航天员可以迅速打开舱门，从旁边的专用逃生口直接跳下去。美国采用的方法是用吊篮沿着钢索迅速滑到地面。如果故障发生在起飞后，早期的飞船采用的是弹射座椅，就像飞机发生故障时那样。后来设计了逃逸火箭，可以在40千米高度以内，把飞船从火箭中快速拉出来。如果超过了40千米，可以让火箭紧急关机，并直接启动返回程序。

2018年10月，来自美国和俄罗斯的两名航天员搭乘"联盟"MS-10号太空船在哈萨克斯坦拜科努尔航天中心发射升空。然而，火箭正常起飞后，当第二级发动机关闭时，飞船未能与火箭正常分离。航天员当即启动紧急逃逸塔，成功重返地面，这是逃逸塔系统诞生以来首次发挥作用。

现在，对太空飞行中载人飞船和空间站，不但有遍布全球的测控网不间断地进行跟踪监控，出现故障后还可以实施轨道维修和救援，载人航天的安全性已经得到了大幅的提高。相信在不久的未来，本书的读者将有机会在浩瀚的太空中一睹地球的壮丽，航天科技的发展也将更多地为人类造福。

拥抱太空吧，它是勇敢者的追求，它是对人类智慧的考验，它更与人类的未来相通。让我们昂起头，对着浩瀚的星空高呼：太空，我来了！

逃逸塔将"猎户座"飞船拉出火箭示意图